Das Leben unserer Pflanzengesellschaften

von

Dr. Hans Heil

Privatdozent für Botanik und Studienassessor in Darmstadt

Mit 40 Tafeln und 30 Abbildungen

München und Berlin 1933

Verlag von R. Oldenbourg

Inhaltsübersicht

Vorwort

Die Rückschau auf den Entwicklungsweg eines Forschungsgebietes kann uns offenbaren, aus welchen Gründen dieses bei gesteigerter Ausgestaltung seiner einzelnen Zweige auseinanderzufallen droht. Ist es möglich, die Ursache aufzudecken, dann stehen uns vielleicht geeignete Mittel zur Verfügung, um jene Gegenkräfte zu fördern, die unablässig nach einem organischen Zusammenhalt drängen. —

Der Gegenstand unserer Aufmerksamkeit ist am Anfang immer das Ding an sich. Im Laufe eingehenderer Beschäftigung gelangen wir zu vergleichenden Betrachtungen seiner einzelnen Teile; ebenso reizen uns Vergleiche zwischen verschiedenen Objekten. Schließlich finden wir bestimmte Beziehungen zur Umgebung, die durchaus nicht einseitig gerichtet zu sein brauchen. Auf einer weiteren Stufe erscheint uns jedes Ding fest in seiner ihm zugehörenden Umgebung verankert. Unsere zuerst auf das außerhalb jeder Beziehung erfaßte Objekt gerichtete Aufmerksamkeit breitet sich gleichsam auf einem weiteren Felde aus; Gegenstand und bezugsnotwendige Umgebung erscheinen als unteilbare, neue Einheit.

Dieser Weg der fortschreitenden Erkenntnis führt zu ernsthaften Schwierigkeiten. Bei der steigenden Fülle des zu untersuchenden Stoffes rückt allzuleicht der ursprüngliche Gegenstand unseres Interesses aus dem Mittelpunkt der Betrachtung. Er wird unbewußt vernachlässigt und an die Stelle des befriedigenden, harmonisch geschlossenen Erschauens tritt die durch die geförderte Teiluntersuchung bedingte Zerrissenheit, die die Gefahr der verschobenen Fragestellung mit sich bringt. Anderseits schließt die Neigung zur vollständig abgerundeten Umfassung die andere große Gefahr des voreiligen Schlusses in sich, der ungerechtfertigten Verallgemeinerung und des gezwungenen Schemas. Das entspricht aber in keiner Weise den Anforderungen der Wissenschaft, das heißt dem Suchen nach Wahrheit.

Die botanische Forschung hat den angedeuteten Weg bis zu dem kritischen Stadium zurückgelegt. Und es bedeutet eigentlich nur die Erfüllung einer geschichtlichen Forderung, wenn der Jünger dieser Wissenschaft während seiner Ausbildung durch alle wesentlichen, durch die natürliche Entwicklung gewordenen Stationen hindurchgeleitet wird. Ein anderer Weg führt unbedingt zu einseitigem, die Tragfähigkeit eines wohlgefügten Unterbaues entbehrendem Spezialistentum!

Der pflanzensammelnde, nach Bestimmungstabellen arbeitende F l o r i s t freut sich zunächst ohne, später mit systematisch gerichteter Einstellung über die Pflanze als solche in ihrer ungeahnten Formen- und Farbenfülle (Kräuterbücher!). Der v e r g l e i c h e n d e M o r p h o l o g e entdeckt in der verwirrenden Fülle der Gestalten eine beschränkte Anzahl von Grundformen, die auf wenige bestimmte Organe zurückgehen (Goethe: Metamorphose der Pflanzen!). Diese Erkenntnis gibt weiter zu entwicklungsgeschichtlichen Studien Anlaß (Hofmeister: Vergleichende Untersuchungen!). Der P h y s i o l o g e geht mit physikalischem und chemischem Rüstzeug den allgemeinen Gesetzen des Form- und Kraftwechsels nach. wobei er zuweilen vollständig die ursprünglich vorhandene Beziehung zur mannigfaltigen Form verliert und lediglich den Organismus Pflanze zum Gegenstand seines Interesses macht. Die an einigen laboratoriumstüchtigen Pflanzen gewonnenen Erkenntnisse führen ihn oft zu den Grundgesetzen des Pflanzenlebens. (Pfeffer: Pflanzenphysiologie!). Der Ö k o l o g e sieht die Pflanze in und mit ihrer natürlichen Umgebung. Er arbeitet entweder in der geographischen und vergleichend morphologischen Richtung und bleibt dabei auf der Stufe der Beschreibung mit der Gefahr des unbewiesenen Schemas stehen (Schimper: Pflanzengeographie auf physiologischer Grundlage!), oder er wendet in der experimentellen Ökologie tatsächlich physiologische Methoden im weitesten Sinne an (Lundegardh: Klima und Boden in ihrer Wirkung auf das Pflanzenleben!). In allen Fällen holt er aber sein Rüstzeug aus sämtlichen, organisch entwickelten Teilgebieten der Botanik, wobei er das Hauptgewicht bald mehr auf dieses, bald mehr auf jenes legt. —

Aus der Überzeugung heraus, daß wir mit der Ökologie eine bedeutsame Stufe in der Fortentwicklung der biologischen Wissenschaften erreicht haben, ist das vorliegende, für einen weiteren Kreis bestimmte Büchlein entstanden. In seinem Rahmen kann es natürlich nicht mehr sein als eine knappe Skizze, die den Schüler und Liebhaber in die ökologische Betrachtungsweise einführt und dem Lehrer Anregung gibt sowohl bei der Behandlung des Stoffes im engen Saal, als auch ganz besonders im Freien. So ist es gedacht für den Besucher unserer hohen Schulen. vornehmlich den der Pädagogischen Akademien, für die reiferen Schüler der höheren Schulen und für die Lehrer aller Schulgattungen, die im

6

Sinne des Arbeitsunterrichtes für jeden Abschnitt eine Auswahl entsprechender Übungsarbeiten finden. Zur weiteren Vertiefung ist ein Schriften-Verzeichnis angefügt, dessen Gebrauch durch die Literaturhinweise im alphabetischen Sachregister erleichtert werden soll. Vor allem sei auf die mit Recht beliebte Einführung in die allgemeine Pflanzengeographie Deutschlands von H. Walter hingewiesen. Nicht nur für floristische, sondern auch für eine ganze Reihe von Fragen allgemeinerer Natur kommt heute das vorzügliche Werk von G. Hegi in Betracht, die „Illustrierte Flora von Mitteleuropa". Ihm wurden die Benennungen der Pflanzen entnommen, auch wenn sie — wie bei vielen deutschen Bezeichnungen — in der Schreibweise nicht immer einheitlich durchgeführt sind.

Wichtiger als die Anstrebung der Vollständigkeit — manche Pflanzengesellschaften wie z. B. der Buchenwald wurden kaum berücksichtigt — erschien dem Verfasser die Art der Behandlung des Stoffes. Im Sinne der eingangs geschilderten organischen Entwicklung wurde versucht, in möglichst einfacher Darstellung unter Heranziehung möglichst vieler Teilgebiete darauf hinzuweisen, daß nur eine harmonische Verbindung und Durchdringung unserer Erkenntnisse in einer Wissenschaft weiterführen kann.

Anregungen aus der Literatur wurden mit eigenen Beobachtungen und Feststellungen verarbeitet. Das Abbildungsmaterial wurde zum größten Teil vom Verfasser neu geschaffen; die Vegetationsbilder auf Exkursionen, die Abbildungen der Einzelpflanzen möglichst nach frischen Exemplaren — nur bei wenigen mußte auf Herbarstücke zurückgegriffen werden — und die anatomischen Raumbilder nach mikroskopischen Schnitten durch die drei Ebenen eines Organes. Bei der Behandlung des Stoffes konnte der Verfasser die Erfahrung verwerten, die er bei der praktischen Ausübung des Unterrichtes am Botanischen Institut der Technischen Hochschule und am Realgymnasium zu Darmstadt sammeln durfte.

Sicher haften einem solchen Unternehmen auch Mängel an, die sich gegen den Willen des Verfassers eingeschlichen haben. Darum sei der freundliche Leser im Dienste der Sache gebeten, alle berechtigten Verbesserungsvorschläge dem Verfasser oder Verlag unmittelbar mitzuteilen. Allen, die bei der Entstehung des Buches mit Rat und Tat zur Seite gestanden haben, sei herzlicher Dank gesagt! Besonders den Herren Prof. Dr. phil. Dr.-Ing. ehr. E. Ihne für seine Ratschläge zur Darstellung der Phänologie, dem leider in der Zwischenzeit verstorbenen Direktor Prof. Dr. W. Schottler für die Überlassung von Kartenmaterial aus der

7

Hessischen Geologischen Landesanstalt, Prof. Dr. Fischer von der Hessischen Landesanstalt für Wetter- und Gewässerkunde für die Unterlagen zur Niederschlagskarte, Kunstmaler H. Bley-Neuenburg für die Originalaufnahme aus dem Neuenburger Urwald und einigen Verlagen für die Reproduktionserlaubnis von schon veröffentlichten Abbildungen. Der größte Dank gebührt aber dem Verlage R. Oldenbourg nicht allein dafür, daß er in entgegenkommendster Weise auf alle Wünsche eingegangen ist, sondern daß er überhaupt in unserer wirtschaftlich nichts versprechenden Zeit den Wagemut zur Herausgabe aufgebracht hat!

Darmstadt, im November 1932.

Hans Heil

I. Vom Haushalt der Pflanzengesellschaften

Ein großer Teil der festen Erdoberfläche ist von einer Pflanzendecke überzogen. Die Betrachtung eines wohlgepflegten Weizenfeldes neben dem wirren Durcheinander eines gesträppreichen Waldes zeigt uns, wie verschieden das Gepräge dieser Decke sein kann. Dort handelt es sich um menschliche Eingriffe; eine bestimmte Pflanze ist in Kultur genommen und bildet einen einförmigen Bestand. Der Boden wurde auf Grund von Erfahrungen so vorbereitet, daß die Voraussetzungen für ein gutes und gleichmäßiges Gedeihen der Weizenpflanzen erfüllt sind. In dem ungepflegten Walde erkennen wir vielleicht ein Stück unberührter Natur, in dem sich verschiedene Gewächse zu einer bestimmten Pflanzengesellschaft zusammengeschart haben. Pflanzenverbände, die der Mensch zu seinen Bedürfnissen schafft, nennt man *Kulturformationen*. Im Gegensatz zu diesen stehen die *natürlichen Formationen*, die keine menschlichen Eingriffe erkennen lassen. In dicht bevölkerten Gegenden mit intensiver Bodennutzung werden die natürlichen Pflanzenvereine immer mehr zurückgedrängt. Jedoch finden kleinere Verbände Unterschlupf in den Kulturformationen. Zwischen der Saat lebt eine bunt zusammengesetzte Unkrautflora, und unsere künstlich aufgeforsteten Wälder geben manchen natürlichen Pflanzengesellschaften noch genug Raum zur Entfaltung. Die natürlichen Pflanzengesellschaften unserer Heimat bieten in ihrem Leben so viel Anziehendes, daß wir uns eingehend mit ihnen befassen wollen.

Der uneingeweihte Beschauer hat von solchen Verbänden zunächst den Eindruck einer verwirrenden Fülle von allen möglichen Pflanzenarten. Der aufmerksame Beobachter erkennt bald, daß das Bild des Pflanzenwuchses an den verschiedenen Orten ein ganz verschiedenes ist. Eine natürliche Pflanzengesellschaft ist durchaus nicht eine zufällig vorhandene Schar von beliebigen Arten. Ebensowenig wie sich eine Alpenrose auf einer Tieflandswiese ansiedelt, oder die Sumpfdotterblume in dem trockenen Kiefernwald, mischen sich sämtliche in einem größeren Gebiet vorhandene Pflanzenarten gleichmäßig zu einer überall einheitlichen Gesellschaft. Jede Art stellt ganz bestimmte Ansprüche an ihre Umgebung, findet aber die Bedingungen zu ihrem Gedeihen nicht an jedem Ort erfüllt. da die Wohnplätze zu verschieden sind. Die einzelne Art kann sich nur da erhalten und fortpflanzen, wo sie den wenigsten Mangel zu ertragen hat. Mit ihr werden sich alle die Arten vereinen. die ähnliche Forderungen stellen. Die Zusammensetzung einer Pflanzengesellschaft ist abhängig von den Eigenschaften ihrer Umgebung.

Wollen wir das Leben und die Eigentümlichkeiten der verschiedenen Pflanzenverbände verstehen, so müssen wir ihre Beziehungen zu ihrer natürlichen Umgebung kennenlernen. Die Pflanze entnimmt dieser zu ihrem Körperaufbau bestimmte Stoffe. Andererseits gibt sie nach der Verarbeitung der Rohstoffe das Überflüssige wieder nach außen ab, oder legt die Abfallprodukte in unschädlicher Form in ihrem Körper fest. Die zu den Lebensvorgängen notwendige Energie bezieht sie ebenfalls aus ihrer Umgebung, z. B. als Licht oder Wärme. Die Pflanze wirtschaftet wie jeder Haushalt mit Einnahmen und Ausgaben. Wir sprechen deshalb geradezu von einem Haushalt der Pflanze und auch der Pflanzengesellschaften und unterscheiden, je nachdem wir dessen einzelne Seiten betrachten, einen Wasserhaushalt. einen Gashaushalt. einen Wärmehaushalt. Das Wissenschaftsgebiet. das sich mit der Erkenntnis solcher Zusammenhänge zwischen den Lebewesen und deren Umgebung befaßt. heißt *Ökologie* (von oikos = Haushalt, logos = Lehre) und ist ein Teil der Biologie (von bios = Leben). Die Ökologie benutzt daher die Arbeitsweisen der Biologie. Darüber hinaus muß der Ökologe Verfahren aus anderen Wissenschaften anwenden. wenn es gilt, die Eigenschaften der auf das Lebewesen einwirkenden Umgebung zu untersuchen. Auf dem Wege der ökologischen Arbeit gelangen wir zu einem sich fortwährend vertiefenden Verständnis für das zwischen der belebten und unbelebten Natur bestehende Gleichgewicht und die Möglichkeiten seiner Störung. Dabei ziehen wir aus den Erkenntnissen der Ökologie Nutzen für unsere praktische Wirtschaft, denn wir lernen immer besser, die Umgebung nach den Bedürfnissen der von uns gepflegten Lebewesen umzugestalten oder die geeigneten Pflanzen und Tiere für einen gegebenen Lebensraum auszuwählen.

Jede Pflanze wächst auf einem für sie zuträglichen *Boden* und gedeiht am besten in dem ihr am meisten zusagenden *Klima*. Aber nicht alle Stellen der Erdoberfläche, die gleiche oder doch ähnliche Klima- und

Bodenverhältnisse aufweisen, sind von den gleichen Arten besiedelt. Die Pflanze muß und mußte die Möglichkeit haben, an solche günstigen Stellen zu gelangen. Dort hat der Boden für sie wertvolle Eigenschaften, die durch die Gegenwart gewisser Stoffe oder durch die Struktur bedingt sind. Ebenso ist das Klima, das die Temperatur-, Wind- und Niederschlagserscheinungen umfaßt, vorteilhaft für ihre Entwicklung. Die einzelnen auf eine Pflanze oder eine Pflanzengesellschaft einwirkenden Erscheinungen der Umgebung nennt man Umweltsfaktoren oder *Standortsfaktoren*: ihre Gesamtheit macht den *Standort* der Pflanze aus.

Der Begriff Standort darf nicht mit dem des *Fundortes* verwechselt werden, der nur etwas über das Wo der Fundstelle aussagt, aber nicht über ihr Wie. Zum Beispiel ist der Standort für den Waldmeister der schattige Buchenwald mit neutralem, gleichmäßig feuchtem Humusboden. Einer seiner Fundorte dagegen liegt im Roßdörfer Wald bei Darmstadt an der Kreuzung der Eisernhand-Schneise mit der Stellweg-Schneise.

Bei der ökologischen Betrachtung unserer heimatlichen Pflanzengesellschaften wollen wir folgenden Gang einhalten:

1. Die Bestimmung der Zusammensetzung einer Pflanzengesellschaft.
2. Die Betrachtung von Bau und Leistungen der für die einzelnen Pflanzengesellschaften eigentümlichen Arten.
3. Die Feststellung der wesentlichsten Standortsfaktoren.
4. Die Aufstellung von Beziehungen zwischen der Pflanzengesellschaft und ihrer Umgebung.

Außerdem soll diesen Besprechungen ein Abschnitt über die allgemeine Bedeutung eines besonders hervortretenden Standortsfaktors oder einer anderen, die Pflanzengesellschaft bestimmenden Erscheinung angehängt werden.

11

II. Pflanzengesellschaften unserer Heimat

Die Pflanzengesellschaften der Felsen

Zusammensetzung

Sowohl im Hochgebirge als auch im Mittelgebirge unserer näheren Umgebung und sogar in den tieferen Lagen finden wir Felsen, deren Oberflächen kahl und lebensfeindlich scheinen. Nur selten ist der Fels vollständig frei von jeglichem Pflanzenwuchs. In den meisten Fällen trägt er irgendwelche pflanzlichen Besiedler, die allerdings oft mit dem bloßen Auge kaum zu erkennen sind. Manche Kalkgesteine der Alpen zeigen im Innern dicht unter der Oberfläche grüne Bänder, wenn man sie aufschlägt. Diese bestehen aus winzigen *grünen Algen*fäden aus der Gattung Trentepohlia (Abb. 2), die mit anderen *blaugrünen Algen* im Gestein vergesellschaftet sind. Auch auf der Oberfläche gedeihen Algen, wie z. B. das Veilchenmoos (Trentepohlia Jolithus), das angefeuchtet deutlich nach Veilchenblüten riecht. Eine große Anzahl von *Flechten* bildet krustenartige Überzüge, wie die Landkartenflechte (Rhizocarpon geographicum) (Taf. 1, Fig. 3), oder kleine Lappen, die an die Felsoberfläche angeheftet sind, wie die Nabelflechte (Umbilicaria) (Taf. 1, Fig. 2). Auch eine Anzahl von *Bakterien*arten mischen sich in diese Pflanzengesellschaften, ja sie sind unter Umständen die ersten Besiedler der Felsen. Einen dichteren Pflanzenwuchs erzeugen die zahlreichen Arten der Felsen*moose*. Zu diesen gesellen sich bald die höheren Pflanzen. Die *Mauerpfeffer*arten (Sedum) (Taf. 1, Fig. 7) und die *Dachwurz* (Sempervivum) (Taf. 1, Fig. 8), die *Steinbrechgewächse* (Saxifraga) (Taf. 1, Fig. 1), der *Mannsschild* (Androsace) (Abb. 1 u. Taf. 1, Fig. 6), die *Alpenaurikel* (Primula Auricula) (Taf. 1, Fig. 4) und das *Blaugras* (Sesleria caerulea) (Taf. 1, Fig. 5) sind nur einige Beispiele.

Tafel 1. *Felspflanzen.* 1. Trauben-Steinbrech (Saxifraga Aizoon) weiß bis rahmgelb, 2. Nabelflechte (Umbilicaria pustulata) grau, 3. Landkartenflechte (Rhizocarpon geographicum) gelb, 4. Alpen-Aurikel (Primula Auricula) gelb, 5. Blaugras (Sesleria caerulea) violett bis gelblich-weiß, 6. Schweizer Mannsschild (Androsace Helvetica) weiß, 7. weißer Mauerpfeffer (Sedum album) weiß, 8. Dachwurz (Sempervivum tectorum) rosa.

H.Heil.

An dem Eingang von Felsenhöhlen entrollen *Farnkräuter* ihre gefiederten Wedel. *Moose* wagen sich schon weiter in das Innere. Die dunklen Höhlenwände werden nur von verschiedenen *Algen* und höchstens dem smaragdgrün schimmernden Vorkeim des *Leuchtmooses* (Schistostega osmundacea) überzogen.

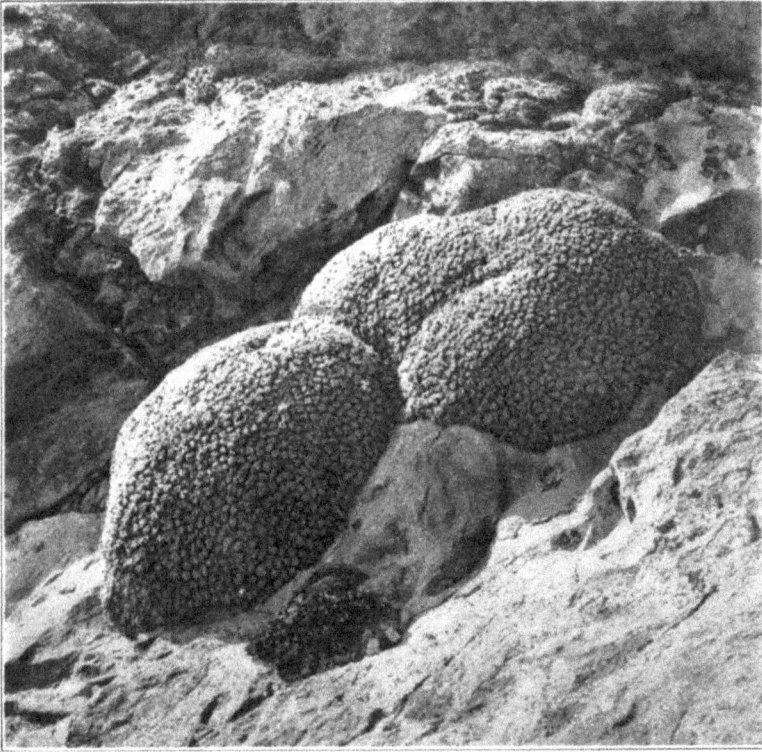

Abb. 1. *Polster vom Schweizer Mannsschild* (Androsace Helvetica) auf Kalkfelsen in 2450 m Höhe (Valuga-Gruppe in Tirol). Aus: Vegetationsbilder, 6. Reihe, Heft 5.
Aufnahme H. Schenck.

Bau und Leistung wesentlicher Arten

Bei der Besiedlung der Felsen herrschen zunächst die niederen Pflanzen vor, die trotz ihres einfachen Baues beachtenswerte Leistungen vollbringen. Einige Bakterienarten haben die Fähigkeit, die geringen Mengen der Stickstoffverbindungen, die der auf die Felsen treffende Regen aus der Luft mitführt, weiter zu verarbeiten. Außerdem vermögen sie den

13

Kalkstein anzugreifen und für die Besiedlung durch höhere Pflanzen geeignet zu machen. Auch die in den Kalkfelsen lebenden Algen können das *Gestein auflösen*, was für Trentepohlia (Abb. 2) unmittelbar nachgewiesen ist. Die Algen der Oberflächenvegetation speichern das ihnen dargebotene Wasser längere Zeit hindurch in ihren dicken schleimigen Gallerthüllen

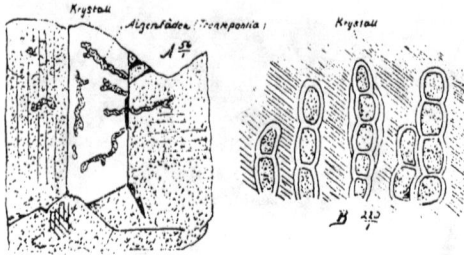

Abb. 2. *Eindringen von Algenfäden in einen Kalkspat-Kristall.* A. Kristallstück mit Algenfäden im Innern. B. Im Kristall vordringende Fadenenden. Nach Bachmann.

auf. Zu den ersten Pflanzenvereinen der Felsen gehören die Flechten, die sich aus Pilzfäden mit dazwischen gelagerten Algen zusammensetzen. Sie besitzen nicht nur die Eigenschaften der sie aufbauenden Pflanzengruppen, sondern vermögen darüber hinaus neue zu entwickeln. Noch in weit höherem Maße als die vorhin erwähnten Felspflanzen lösen sie durch Säureausscheidung den Kalkstein und zerspalten die Oberfläche anderer Gesteine und Mineralien wie den Glimmer mechanisch durch Keilwirkung. Durch Versuche konnte man ihre erstaunliche Fähigkeit nachweisen, selbst bei jahrelanger vollständiger *Austrocknung* am Leben zu bleiben.

Etwas anspruchsvoller sind die Moose, die sich mit farblosen Haftfäden (Rhizoiden) in schon vorgebildeten haarfeinen Spalten der Felsen verankern und sich zu kleinen, gerundeten Polstern zusammenschließen, die lange die *Feuchtigkeit* zurückhalten. Sie sind die Schrittmacher für die Blütenpflanzen, deren Samen in den feuchten Polstern die einzige Gelegenheit zur Keimung finden. Die Keimpflänzchen ernähren sich von den zersetzten Resten der abgestorbenen Moosteile und dem Übrigbleibsel der winzigen, aber sehr zahlreichen Tierleiber aus dem regen Kleintierleben von Wurzelfüßlern, Rädertierchen, Bärentierchen und Älchen, das sich in den geschützten Mooskissen entwickelt.

Die felsbewohnenden höheren Pflanzen lassen sich nach ihrem ökologischen Verhalten zwei Gruppen zuordnen. Die einen siedeln sich auf den Moosrasen an und sind deshalb auf das Wasser angewiesen, das von Regengüssen her zwischen den Polstern festgehalten wird. Die Trockenzeiten werden von den Pflanzen dadurch überdauert, daß sie in ihren dicken.

Tafel 2. *Querdurchschnittenes Blatt des weißen Mauerpfeffers.* Vergrößerung 40fach. *o* Oberhaut, *sp* Spaltöffnungen, *gr* Zellen mit Blattgrün, *w* wasserspeichernde Zellen. *g* gerbstoffhaltige Zellen. *l* Leitbündel.

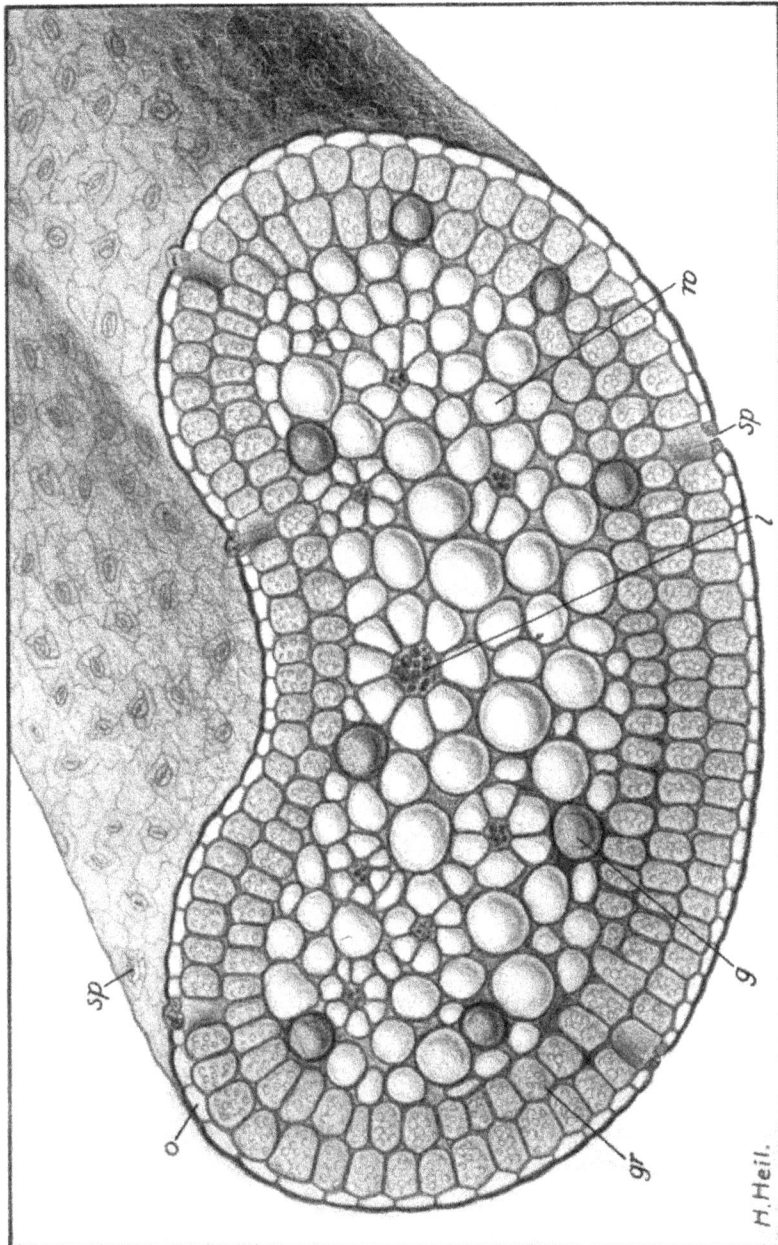

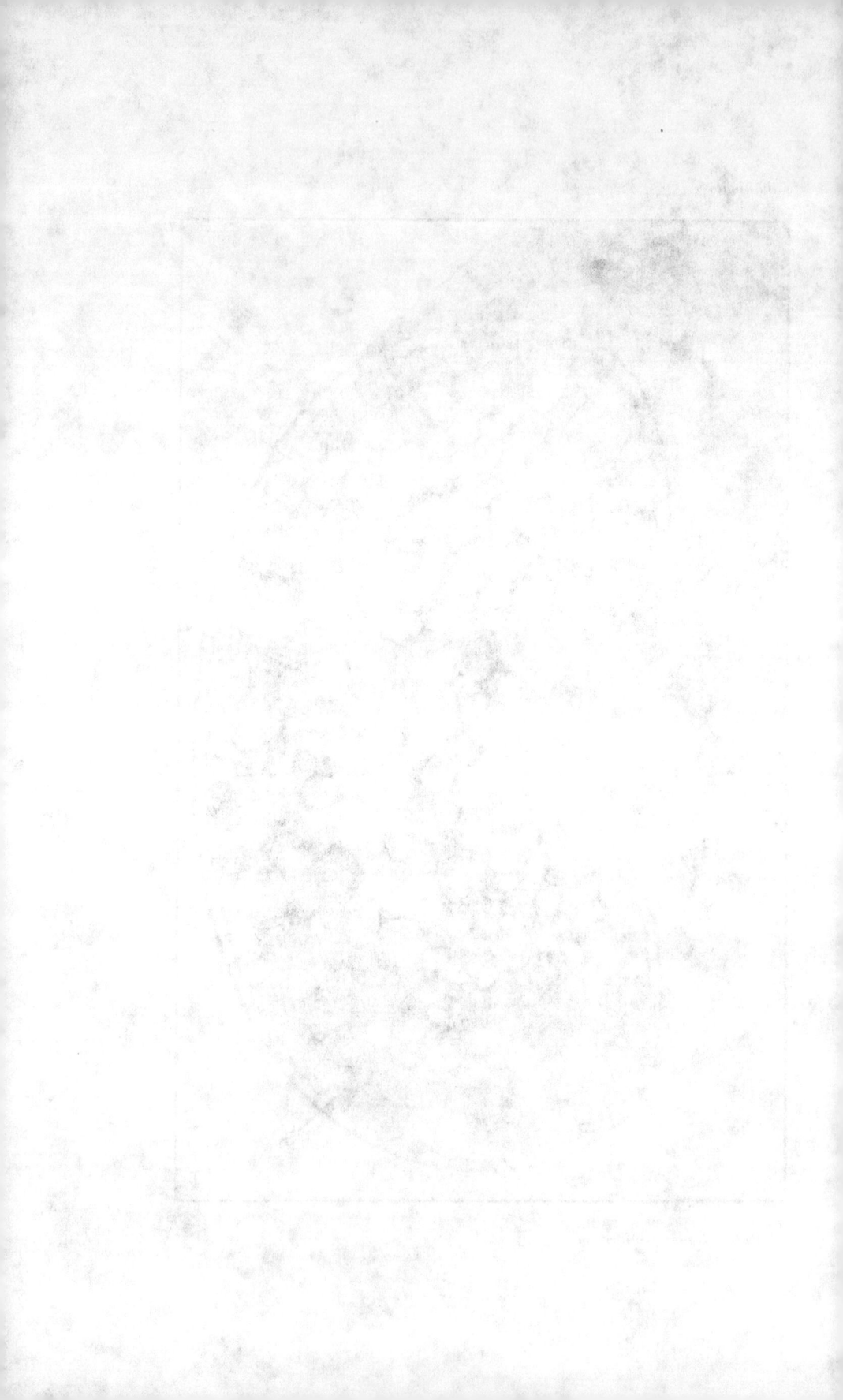

weichen Blättern Wasserbehälter entwickeln. Diese Pflanzen heißen Fettgewächse oder *Sukkulenten*. So besitzen die Mauerpfefferarten (Taf. 2) und in ähnlicher Weise die Dachwurzverwandten im Innern ihrer Blätter auffallend große, dünnwandige Zellen von kugelförmiger Gestalt, die mit Wassersäcken verglichen werden können. Haben sich diese Zellen während einer Regenzeit mit Wasser vollgesogen, dann geben sie es nur äußerst langsam nach außen ab. Das aufgespeicherte Wasser kommt in haushälterischer Weise den Lebensbedürfnissen dieser Pflanzen zugut.

Die zweite Gruppe der felsbewohnenden Blütenpflanzen besitzt keine Vorrichtungen zur Wasserspeicherung. Sie sind allerdings auch anspruchsvoller an den Standort, da sie nur in solchen Felsspalten wurzeln können, in denen sich Verwitterungsstoffe abgesetzt haben. Die auffallendste Wuchsform in dieser Gesellschaft ist die *Polsterpflanze*. An dem Hals einer langen Wurzel, die sich in die Felsspalten drängt, verzweigen sich radial nach allen Richtungen die Äste, die an ihren Enden mit dichtstehenden Blättern besetzt sind. Auf diese Weise entsteht eine auf der Unterlage des Felsens aufsitzende Halbkugel, die mit ziemlich glatter Oberfläche gegen die Außenwelt abschließt. Da die Kugel derjenige Körper ist, der in bezug auf seinen Inhalt die kleinste Oberfläche besitzt, kommt diesen halbkugelig ausgebildeten Polstern ihre Form genau so zugute, wie den kugelähnlichen Kakteen; die wasserabgebende Oberfläche ist in günstiger Weise verkleinert. Ein schönes Beispiel für ein solches Kugelpolster ist der Schweizer Mannsschild (Androsace Helvetica) (Abb. 1 und Taf. 1, Fig. 6), während das stengellose Leimkraut (Silene acaulis) flachere Polster bildet.

Bei den *Rosettenpflanzen* stehen die Blätter dicht gedrängt um einen kurzen, gestauchten Stamm, wie bei der Aurikel (Primula Auricula) (Taf. 1, Fig. 4).

Sind die Gesteinsspalten nicht allzu eng, dann gewähren sie auch einigen *Rasenbildnern* wie dem Blaugras (Sesleria caerulea) (Taf. 1, Fig. 5) und der stachelspitzigen Segge (Carex mucronata) die Möglichkeit zur Ansiedlung.

Die Pflanzengesellschaften der Felshöhlen fallen in ihrer Anordnung dadurch auf, daß sie sich von dem hellen Eingang nach dem dunklen Hintergrund in der Folge ihrer entwicklungsgeschichtlichen Höhe ablösen. Nur das Leuchtmoos, das auf Sandstein und Grauwacke vorkommt, scheint eine Ausnahme zu machen. Doch entwickelt sich in den dunklen Teilen der Höhlen nicht die eigentliche Leuchtmoospflanze, sondern ihr Vorkeim. Der Vorkeim (Protonema) der meisten Moose sieht einer verzweigten Fadenalge ähnlich. Bei dem Leuchtmoos besitzt er außer den zylinderförmigen Zellen kugelartig gestaltete von ganz besonderem Bau. In ihnen sammelt sich gleichsam wie in Linsen das spärliche Höhlenlicht und wird auf die wenigen in der Zelle liegenden Blattgrünkörner gerichtet, so daß diesen noch genug Licht als Betriebsenergie für ihre Arbeit zukommt. Die grün schimmernden Chlorophyllkörner scheinen dadurch zu leuchten.

Standortsfaktoren

Die Höhlenpflanzen zeigen uns, welchen ungeheuren Einfluß das *Licht* auf die Zusammensetzung der Vegetation und die Gestaltung der einzelnen Formen ausübt. Im Gegensatz zum Höhleninnern sind die kahlen oder schwach besiedelten Felsoberflächen zumeist der vollen Belichtung ausgesetzt. Im Hochgebirge übt das Licht eine stärkere Wirkung aus, als an irgendeinem anderen Standort (Abb. 3). Die starke Sonnenbestrahlung bringt dort auch eine außergewöhnlich hohe *Wärme*einstrahlung mit sich. Für die Pflanzen bedeutsam ist das Verhalten des Felsbodens zu der ihm zur Verfügung stehenden Wärmemenge. Durch seine starke Wärmeleitfähigkeit gehört der Fels während der Zeit der Einstrahlung zu den warmen Böden. Die Wärme dringt verhältnismäßig schnell in die Tiefe. Aber ebenso schnell wird den oberflächlichen Schichten bei Mangel an Bestrahlung die Wärme wieder entzogen, so daß das feste Gestein in bezug auf Wärmeklima einen Boden mit großen Gegensätzen darstellt. Die starke Abkühlung bewirkt häufig Frostgefahr, während durch die hohen Temperaturen die Verdunstung in großem Maße gefördert wird.

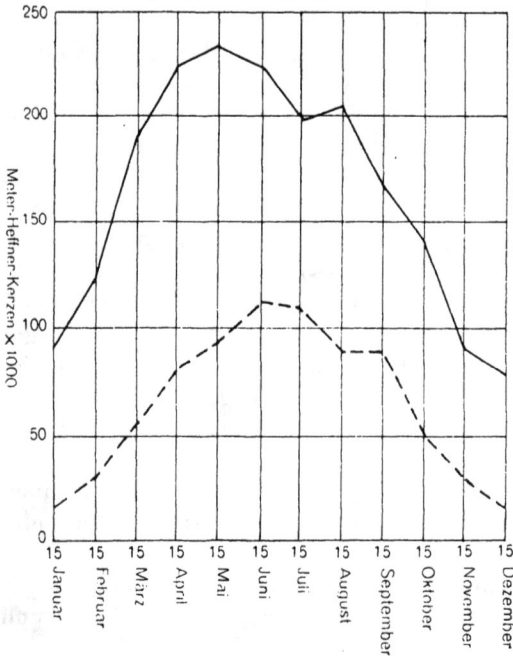

Abb. 3. Mittägliche Helligkeit von Davos (— —) und Kiel (- - - -) während eines Jahres. Nach Dorno. Im Winter zeigt der Hochgebirgsort die 6fache Helligkeit von dem des Tieflandes, im Sommer nur die 1,8fache.

16

Fehlt die für diese starke Verdunstung nötige *Wasser*menge, so entsteht Trockenheit, der einflußreichste Faktor des Felsstandortes. Der Regen hat nur zeitweise Bedeutung, da er an der glatten Gesteinsoberfläche im Gegensatz zu den wasserspeichernden Erdböden abläuft und oft lange aussetzt. Die sogenannten überhängenden Flächen der Felsen werden dabei sehr selten, manchmal überhaupt nicht von Regenwasser befeuchtet. Eine gleichmäßigere Wasserquelle steht den Pflanzen im Nebel und besonders im Tau zur Verfügung. Während sich starke und häufige Nebelbildung mehr auf das Hochgebirge beschränkt, entsteht sowohl dort als auch im Mittelgebirge regelmäßig Tau, der sich an der Oberfläche der gegen Morgen stark abgekühlten Felsen niederschlägt. Ähnlich wird die Gesteinsoberfläche durch die aus dem Innern stammende Bergfeuchtigkeit benetzt. An verschiedenen Stellen kann eine periodische Bewässerung in allerdings großen Zeitabständen durch die Schmelzwässer erfolgen.

Die dünne Verwitterungsschicht auf dem festen Felsen wird von Zeit zu Zeit durch die Niederschläge abgewaschen, so daß sich nur in den Spalten lockerer Boden mit verwertbaren *Nährsalzen* ansammeln kann.

Beziehungen zwischen Pflanzen und Umgebung

Der Felsenstandort ist vor allem ausgezeichnet durch den Mangel direkt aufnehmbarer Nährstoffe und die Unregelmäßigkeit der Wasserverhältnisse.

In der Zusammensetzung der Pflanzengesellschaft prägt sich die *Nährstoffarmut* dadurch aus, daß größere und höher organisierte Pflanzen nur sehr schwach vertreten sind. „Höhere Pflanzen mit regerem Stoffwechsel würden sich unter solchen Umständen zu Tode wachsen" (Benecke). Auf der durch das Kohlendioxyd der Luft und das Wasser schwach verwitternden, rauhgewordenen Oberfläche des Felsens entwickeln die Bakterien, die Algen und besonders die Flechten in langsamem Wachstum ihre kleinen Körper.

Gegen die Gefahren der *Trockenheit* besitzen die verschieden empfindlichen Felspflanzen mannigfaltige Einrichtungen. Wenn sich einige Algenarten nur an ständig überrieselten Teilen der Felswände in größerer Menge ansiedeln und dort die sogenannten Tintenstriche verursachen, meiden gewisse Flechtengesellschaften den unmittelbaren Regen und entwickeln sich nur auf den trockenen, überhängenden Flächen. Viele Felsmoose bilden ähnlich wie die höheren Polsterpflanzen halbkugelig gerundete Kissen mit dicht abschließender Außenfläche. Durch das im Innern ihrer Blätter festgehaltene Reservewasser sind die Fettpflanzen zur Oberflächenbesiedlung der Felsen fähig. Eine andere Gruppe entgeht der

Wasserarmut auf den Felsen dadurch, daß sie, wenigstens mit ihren wasseraufnehmenden Teilen unter der Felsoberfläche lebt, wo die Verdunstung der Bergfeuchtigkeit und des in den Spalten festgehaltenen Wassers gehemmt ist. Die in den Kalkfelsen lebenden Algengesellschaften genießen wohl gleichmäßige Feuchtigkeit, entbehren aber des vollen *Lichtgenusses.* Damit ist für sie eine Grenze gezogen, bis zu der sie von der Oberfläche aus ins Innere vordringen können. Die höheren Pflanzen verlegen ihre Wurzeln unter die Felsoberfläche, vorausgesetzt, daß mit Nährstoffen angefüllte Spalten vorhanden sind, in die die trichterartig angeordneten Blätter der Rosettenpflanzen das aufgefangene Niederschlagswasser leiten.

Wird einerseits durch die besonderen Standortsfaktoren das Gepräge der Pflanzengesellschaft bestimmt, so verändern deren Mitglieder andererseits die ursprünglichen Eigenschaften ihres Standortes. Die Bakterien, Algen und besonders die Flechten unterstützen die Wirkung der Oberflächenverwitterung wesentlich durch *Zersetzung des Gesteines.* In dem stärker aufgearbeiteten Felsboden erweitern die höheren Pflanzen durch ihre keilenden Wurzeln die Gesteinsspalten. In diesen Spalten und zwischen den entstandenen Gesteinstrümmern sammeln sich die abgestorbenen Pflanzenteile an und verwandeln sich in *Humus.* So entsteht durch Mithilfe der Pflanzen aus dem anfangs unwirtlichen kahlen Felsen der Boden für eine neue Gesellschaft.

Das Wasser im Haushalt der Pflanze

Jede Pflanze braucht zum *Aufbau* ihres Körpers Wasser, das den größten Teil ihres Eigengewichtes ausmacht. So enthalten manche Pilze ungefähr 98% Wasser, saftige Früchte und Blätter oft 90%, und nur die ruhenden ausgereiften Samen sind mit etwa 10% wesentlich trockener. Der größte Teil des in der arbeitenden Pflanze vorhandenen Wassers ist sogenanntes Betriebswasser, d. h. das *Transportmittel* der in ihm gelösten Nahrungsstoffe. Gleichzeitig steift es die prall angefüllten Zellen aus und trägt dadurch zur *Festigung* der Pflanze bei. Von den Wurzeln wird ständig Wasser, richtiger sehr schwach konzentrierte Nährsalzlösung, aufgenommen und von den Blättern nach der Zurückhaltung der Salze in der Pflanze wieder an die Luft abgegeben. Die Pflanze stellt somit einen ständig in Betrieb befindlichen Filtrierapparat dar, in dem die gelösten Salze auf chemischem Wege zurückgehalten werden.

Zur Betrachtung des Wasserhaushaltes einer Pflanze müssen folgende Größen ermittelt werden:

18

1. Die Menge des Wassers, die an einem Standort der Pflanze zur Verfügung steht.
2. Die Menge des von der Pflanze aufgenommenen Wassers.
3. Die Menge des von der Pflanze unter gleichen Außenbedingungen abgegebenen Wassers.

1. Im allgemeinen ist das den Pflanzen *zur Verfügung stehende Wasser* unmittelbar atmosphärischer Herkunft, d. h. Nebel, Tau, Regen oder Schmelzwasser. Das ökologisch sich anders auswirkende Wasser der Flüsse, Seen und Meere soll später betrachtet werden.

Wesentlich für die Pflanze ist der physikalische Zustand, in dem sie das Wasser vorfindet. Gefrorenes Bodenwasser kann nicht unmittelbar aufgenommen werden. Gefrieren des Wassers im Boden wirkt wie Trockenheit, so daß empfindliche Pflanzen dabei an Wassermangel zugrunde gehen. In der Luft befindliches gas- oder dampfförmiges Wasser ist im allgemeinen für die Pflanze günstig. Wie die Verdunstung in einem dampferfüllten Raum herabgesetzt wird, vermindert sich auch die Wasserabgabe aus den Blättern, die pflanzliche Transpiration.

Die Ausbildung einer Pflanzengesellschaft wird vor allen Dingen durch die Menge der im Gebiet fallenden Niederschläge bestimmt. Die jährlichen *Niederschläge* einer Gegend lassen sich leicht mit Hilfe des Regenmessers messen. Man gibt die Höhe der Wasserschicht in Millimeter an, die die Niederschläge während eines Jahres auf dem Boden erzeugen würden, wenn kein Wasser durch Versickerung oder Verdunstung verloren ginge. Unterscheidet man auf einer Landkarte die Gebiete mit verschiedenen jährlichen Niederschlagsmengen durch abgestufte blaue Farbtöne, so erhält man eine *Niederschlagskarte* (Regenkarte), wie sie in jedem Atlas zu finden ist (Taf. 3). Die *relative Luftfeuchtigkeit* wird mittels Haarhygrometer bestimmt, das ab und zu auf richtige Zeigerstellung nachgeprüft werden muß.

Ebenso bedeutungsvoll wie die Kenntnis der Niederschlagsmenge ist für den Ökologen die Untersuchung ihrer zeitlichen Verteilung. Diese kann gleichmäßig sein, wie etwa in dem Seeklima der Küstennähe, oder ungleichmäßig, wie bei dem im Sommer trockenen Binnenlandklima.

2. Die Menge des von der Pflanze *aufgenommenen Wassers* kann nicht unmittelbar an der im Standort wurzelnden Pflanze bestimmt werden. Man muß dazu die Pflanze mit ihren Wurzeln oder dem unteren Teil des abgeschnittenen Stengels wasserdicht in ein mit Wasser gefülltes Gefäß bringen, an dem eine lange dünne Glasröhre gestattet, die Verminderung der Wassermenge unmittelbar zu beobachten und zu messen. Eine solche

Vorrichtung heißt Potometer (auch Potetometer). Anstatt die verbrauchte Wassermenge ihrem Raume nach zu messen, kann man sie auch aus dem Gewichtsverlust ermitteln. Dazu stellt man die zu untersuchende Pflanze in ein Gefäß mit Wasser, dessen freie Oberfläche zur Verhütung der Verdunstung mittels einer Ölschicht abgedichtet wird. Man braucht nur in bestimmten Zeitabständen zu wiegen, um die Gewichtsverluste festzustellen. Einfacher gebaute, wurzellose Pflanzen wie Moose und Flechten werden zunächst trocken gewogen, nachdem man sie äußerlich vorsichtig und sorgfältig mit Fließpapier abgetrocknet hat.

3. Der Teil der Pflanze, der in der Hauptsache die *Wasserabgabe* bewirkt, ist das Laubblatt. Daneben können auch andere Teile, wie z. B. grüne Stengel, der Wasserabgabe dienen; sie haben aber gegenüber dem Laubblatt nur untergeordnete Bedeutung. Vor dem Winter, in dem das Bodenwasser oft nur in gefrorenem Zustand zur Verfügung steht, also für die Pflanze keine Rolle spielt, entledigen sich die meisten Pflanzen ihrer wasserabgebenden Teile.

Die Pflanze vermag das aus ihrer Umgebung aufgenommene Wasser in verschiedener Weise wieder an diese zurückzugeben. In selteneren Fällen scheidet sie das Wasser in flüssiger Form aus Öffnungen der Blattoberhaut aus. Solche kleine, stets offene Poren in der Blattoberfläche heißen Wasserspalten und der Vorgang der Abgabe in Tropfen *Guttation*. Im allgemeinen läßt die Pflanze das Wasser aus ihrem Körper als Dampf entströmen. Der Wasserdampf entweicht aus verstellbaren Poren, aus den über die Oberfläche der grünen Pflanzenteile zahlreich zerstreuten Spaltöffnungen (Taf. 2 u. 11). Dadurch, daß sich die Spaltöffnungen durch zwei gekrümmte, sie ringförmig umgebende Schließzellen vergrößern und verkleinern können, vermag die Pflanze ihre Wasserabgabe zu vermehren oder zu vermindern. Diese Art der Wasserabgabe heißt *Transpiration*. Sie gestattet der Pflanze, haushälterisch mit dem Wasser umzugehen. Die Menge des von einer Pflanze durch ihren Körper geleiteten Wassers ist oft erstaunlich groß. Durch Versuche und daran anschließende Berechnung hat man festgestellt, daß die Menge des von einer Maispflanze im Laufe eines Sommers abgegebenen Wassers 14 kg beträgt, für eine Sonnenblume 66 kg, für eine 100jährige Buche 9000 kg und demnach für einen Hektar Wald von 400 Bäumen 3 600 000 kg.

Die Menge des von einer Pflanze an ihrem Standort abgegebenen Wassers kann man durch den Gewichtsverlust bestimmen, der entsteht, wenn man

Tafel 3. *Verteilung der Niederschlagsmengen in Hessen.* Mittel der Jahre 1911—1920. Nach einer Karte der Hessischen Landesanstalt für Wetter- und Gewässerkunde.

Niederschlagsmengen in Hessen

Mittel der Jahre
1911 – 1920.

Niederschl. im Jahr:

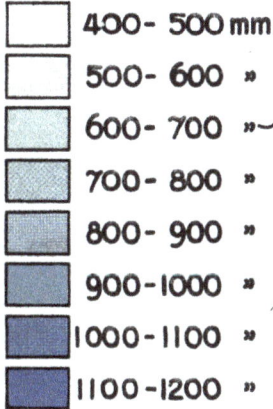

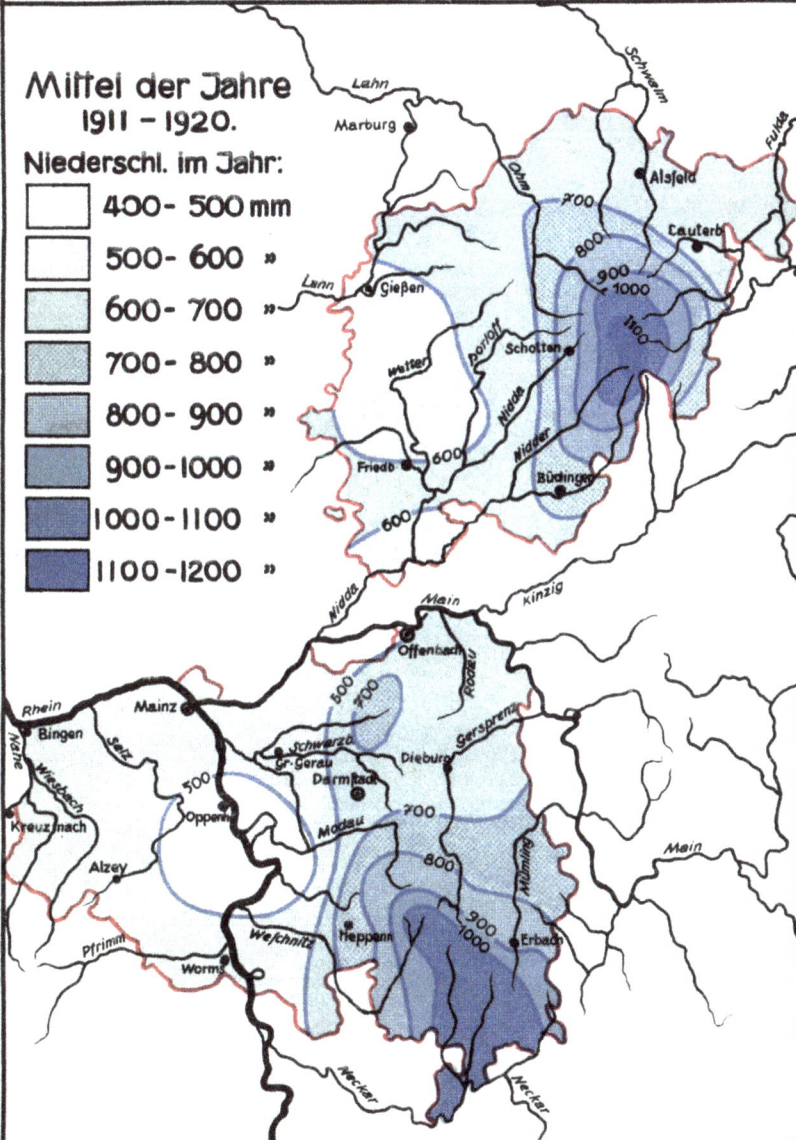

- 400 – 500 mm
- 500 – 600 »
- 600 – 700 »
- 700 – 800 »
- 800 – 900 »
- 900 – 1000 »
- 1000 – 1100 »
- 1100 – 1200 »

die über dem Boden abgeschnittene Pflanze einige Zeit in möglichst natürlicher Stellung sich selbst überläßt. Der Zeitabstand zwischen den beiden Wägungen muß so gewählt werden, daß die Pflanze inzwischen nicht welkt. Will man auf diese Art die Leistung verschiedener Pflanzen miteinander vergleichen, so kann man nicht ohne weiteres die durch die Wägungen festgestellten absoluten Werte benutzen, da diese von der Größe der wasserabgebenden Oberfläche der Pflanze, von der Zeit und von den übrigen Standortsfaktoren wie Temperatur und Wind abhängig sind. Man muß die Transpirationsbestimmungen unter möglichst ähnlichen Standortsbedingungen ausführen und die Transpirationszeiten, sowie die transpirierenden Flächen auf eine Maßeinheit beziehen. Hierzu ist nötig, die transpirierenden Pflanzenoberflächen mittels bestimmter Verfahren auszumessen. Nach Berücksichtigung dieser Überlegung erhält man für die pflanzliche Transpiration Größen, die miteinander verglichen werden können.

Da die Transpiration sehr wesentlich von der Verdunstungskraft der die Pflanze umgebenden Atmosphäre abhängt, muß auch diese bestimmt werden. Dazu stellt man den Gewichts- oder Raumverlust des Wassers fest, das an dem Standort der Pflanze aus einem geeigneten Gefäß verdunstet (Abb. 4).

Übungsarbeiten

A. Am Standort.

1. Suche in der Nähe deines Wohnortes Felsstandorte auf. Obgleich im Hochgebirge eine größere Mannigfaltigkeit von Pflanzenformen anzutreffen ist, kann man sich auch an den Felsen anderer Landschaften über manche ökologischen Fragen Klarheit verschaffen.

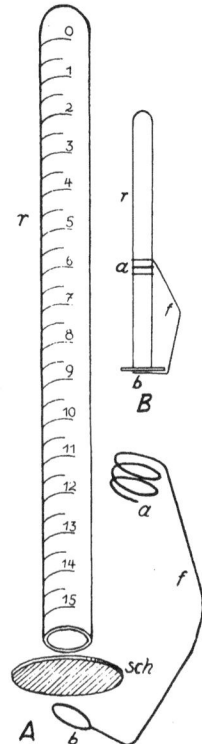

Abb. 4. *Verdunstungsmesser nach Piche.* A. Einzelne Teile: *r* Glasrohr aus abgeschnittener und an einem Ende zugeschmolzener Bürette, *sch* Fließpapierscheibe von 3 cm Durchmesser, *f* federnder Stahldrahthalter. B. Zusammengesetzter Apparat. Vor dem Zusammensetzen wird die umgekehrt gehaltene Röhre *r* zum Teil mit Wasser gefüllt und in die Mitte der Scheibe *sch* mit einer Nadel ein Loch gestochen. Der Apparat wird frei, aber unbeweglich aufgehängt und der Stand des sinkenden Wasserspiegels nach gleichen Zeitabständen abgelesen.

21

2. Gewinne einen Überblick über die felsbewohnenden Pflanzenarten, indem du möglichst viele davon bestimmst und ihre Namen zu einer Pflanzenliste zusammenstellst.

3. Beginne möglichst frühzeitig mit der *Aneignung einer gediegenen Artenkenntnis*, denn, wenn du die Lebensgewohnheiten von Pflanzen erkennen willst, mußt du zunächst einmal wissen, um welche Pflanze es sich handelt.

4. Beobachte die Art der Verbindung zwischen Pflanze und Fels. Wie steht es bei den einzelnen Typen mit der Festigkeit der Anheftung? Wie sieht die Felsoberfläche unter den Pflanzen aus? Wie wird der Humus festgehalten?
   Unterstütze dein Gedächtnis durch knappe Skizzen, die durch ein paar Worte erläutert sind. *Gewöhne dich beizeiten an das Zeichnen des Gesehenen.* Vergeude aber keine Zeit durch die Darstellung von Unwesentlichem!

5. Miß mit einem kleinen Thermometer die Temperaturen der Felsoberfläche, der Luftschicht in 5 cm Höhe über der Felsoberfläche, 50 cm über der Felsoberfläche, zwischen der Felsvegetation (in Polstern). Das Quecksilbergefäß des Thermometers muß gegen direkte Sonnenbestrahlung durch Beschattung geschützt werden.

6. Miß mit einem Verdunstungsmesser (Abb. 4) die Verdunstungskraft der Atmosphäre 1 cm, 5 cm, 50 cm über der Felsoberfläche.

7. Bestimme mit einem Haarhygrometer die relative Luftfeuchtigkeit dicht über und 50 cm über der Felsoberfläche.

8. Vergleiche die Werte dieser Bestimmungen mit solchen, die zu gleicher Zeit in der Nähe über lockerem Erdboden gewonnen sind.

B. Im Zimmer.

1. Betrachte unter dem Mikroskop an dünnen Querschnitten durch größere Flechtenlappen den Aufbau des Flechtenkörpers.

2. Betrachte bei mikroskopischer Vergrößerung den Aufbau des Mauerpfeffer- und Dachwurzblattes und vergleiche ihn mit dem eines dünnen Laubblattes.

3. Wiege möglichst genau Pflanzen vom Mauerpfeffer und von der Dachwurz, außerdem von dünnblättrigen Arten (Taubnessel, Veilchen u. ä.). Stelle vor und nach dem Welken der dünnblättrigen das Gewicht sämtlicher Pflanzen fest. Wiederhole danach die Wägungen in Tagesabständen. Mache dir durch Eintragung der Werte in Tabellen oder in ein Koordinatensystem die Unterschiede zwi-

22

schen den Leistungen der verschiedenen Pflanzenformen klar; Abszisse = Zeit, Ordinate = Gewicht.

4. Trockne die in der vorigen Übung benutzten Pflanzen scharf (in einem Backofen), bis sie kein Gewicht mehr verlieren und berechne den ursprünglichen Wassergehalt (Gewichtsverlust) in Prozenten des Anfangsgewichtes und des Trockengewichtes.

5. Stelle den gleichen Versuch mit Moosen und Flechten an.

6. Veranschauliche dir durch die Niederschlagskarten deines Atlasses die Niederschlagsverhältnisse in Europa, Deutschland und in deinem engeren Wohngebiet. Vergleiche die Niederschlagskarten mit den entsprechenden physikalischen. Wo liegen die Gebiete stärkster und schwächster Niederschläge?

Die Pflanzengesellschaften der Schutthalden

Zusammensetzung

Die von den zerklüfteten Felsen stammenden Gesteinstrümmer sammeln sich zu Schutthalden oder Geröllfeldern an. Oft bedecken sie die Abhänge der Gebirge unterhalb der Felsen. Auf ihnen entwickelt sich ein ganz bestimmter Pflanzenwuchs, der sich in der Hauptsache aus kleineren einjährigen und ausdauernden Gewächsen zusammensetzt. Außer diesen manchmal den Boden nur locker überziehenden Pflanzen siedeln sich an günstigen Stellen verschiedene Sträucher an. Auf den Gesteinsfluren der höheren Gebirge erscheinen der *Gletscher-Hahnenfuß* (Ranunculus glacialis), das *rundblättrige Täschelkraut* (Thlaspi rotundifolium) (Taf. 4), die *Alpengänsekresse* (Arabis alpina), eine Anzahl von *Steinbrecharten* (Saxifraga), das *Alpen-Stiefmütterchen* (Viola calcarata), das *Alpen-Leinkraut* (Linaria alpina), die *niedliche Glockenblume* (Campanula cochleariifolia (= pusilla)), die *großblütige Gemswurz* (Doronicum grandiflorum (= scorpioides)) und eine stattliche Reihe ähnlicher Pflanzen. Auf den Schutthalden der Mittelgebirge gedeihen wiederum andere Arten, die sich in ihrer Vergesellschaftung an den verschiedensten Orten wiederholen. Zu ihnen gehören das *Wimperperlgras* (Melica ciliata), der *Schild-Ampfer* (Rumex scutatus), die *Pfingst-Nelke* (Dianthus caesius), die *Wiesen-Gänsekresse* (Arabis hirsuta), der *blaugrüne Meier* (Asperula glauca), die *Färberkamille* (Anthemis tinctoria) und der *blaue Lattich* (Lactuca perennis). Von Geröll bewohnenden Sträuchern wären vor allem die *Berg-Johannisbeere* (Ribes alpina), die *Zwergmispel* (Cotoneaster integerrima) und die *Felsenbirne* (Amelanchier ovalis) zu nennen. Im Schatten dieser Gehölze wachsen die

23

stinkende Nießwurz (Helleborus foetidus), der *blaue Steinsame* (Lithospermum purpureo-caeruleum) und der *Dolden-Bertram* (Chrysanthemum corymbosum).

Bau und Leistung wesentlicher Arten

Heben wir vorsichtig eine Pflanze der Schuttformation aus dem Boden, so fallen uns die weitreichenden Wurzeln auf, mit deren Hilfe sie sich ihre Nährstoffe aus größerer Entfernung holen kann. Die oberirdischen Teile der Schuttpflanzen ähneln oft denen der Felspflanzen, die vielfach mit ihnen den gleichen Standort bewohnen. Doch zeigen die Pflanzen der Gesteinsfluren bestimmte Eigenschaften, die ihnen das Gedeihen an einem Standort möglich machen, der durch das Rutschen der losen Gesteinstrümmer Gefahren birgt.

Schröter hat unter den Geröllpflanzen der Alpen folgende Gruppen unterschieden. Die *Schuttwanderer* entgehen der Verschüttung durch die Geröllmassen dadurch, daß die bedeckten Triebe vergeilen und so verhältnismäßig schnell wieder aus den Lücken hervorwachsen; Beispiel: Alpen-Stiefmütterchen. Die *Schuttüberkriecher* treiben aus der Mitte ihres kurzen Stammes lange Zweige, die sie über das Geröll legen; Beispiel: Alpen-Gänsekresse. Bei den *Schuttstreckern* wächst der Stamm ohne seitliche Verzweigung senkrecht nach oben, so daß die Pflanze mit ihren grünen Teilen dem Schutt entflieht; Beispiel: großblütige Gemswurz. Die *Schuttdecker* überspinnen mit ihren reichverzweigten Trieben, die nachträglich Wurzeln in den Boden senken, immer wieder von neuem die Schuttmassen; Beispiel: kriechendes Gipskraut (Gypsophila repens). Die *Schuttstauer* stemmen sich mit ihrem festen Körper, der sich durch Verzweigung verbreitert, gegen das rutschende Geröll und legen es auf diese Weise fest: Beispiel: Gletscher-Hahnenfuß.

Standortsfaktoren

Einen ausschlaggebenden Faktor für die Pflanzengenossenschaften der Schutthalden bildet der *Boden*. Die Gesteinsscherben geraten besonders an steilen Abhängen sehr oft in Bewegung. Kommt der Schutt in Ruhe, dann sammelt sich zwischen ihm etwas lockere Feinerde an, die nicht so leicht vom Wasser herausgespült wird, wie aus den flacheren Mulden der Felsoberfläche. Diese Feinerde besteht aus einer Mischung von Verwitte-

---

Tafel 4. Rundblättriges Täschelkraut (Thlaspi rotundifolium) im Kalkgeröll an den Abhängen der Schindlerspitze (Tirol) in 2300 m Höhe. Aus: Vegetationsbilder, 6. Reihe, Heft 5.

Aufnahme H. Schenck

rungsteilchen des festen Gesteins und den Resten der abgestorbenen Lebewesen.

Das *Wasser* wird zwischen den lockeren Bodenteilen gespeichert und durch die sie bedeckenden Gesteinsscherben vor allzu schneller Austrocknung geschützt. Auf diese Weise entsteht ein Boden mit verhältnismäßig gleichmäßiger Feuchtigkeit.

Die *Licht*strahlen können, wenn noch keine Sträucher vorhanden sind, ungehindert auf das Trümmerfeld auftreffen.

Die *Wärme*verhältnisse sind auf den Schutthalden sehr verschieden. Es kommt dabei auf die Neigung der Bodenoberfläche gegen die einfallenden Sonnenstrahlen an. Halden, die nach Norden liegen, sind viel kältere Standorte als solche, die nach Süden gerichtet sind. Diese zeichnen sich bei bestimmten Böschungswinkeln gegenüber den waagrecht ausgebreiteten Böden durch sehr starke Erwärmung aus. Man nennt die durch die verschiedene Neigung der Bodenoberfläche und ihre Stellung zur Himmelsrichtung bedingte Lage des Standortes seine *Exposition*.

Beziehungen zwischen Pflanzen und Umgebung

Gegenüber den Felspflanzen sind die Schuttpflanzen in bezug auf den Boden wesentlich im Vorteil. Doch zwingt sie die in kleineren Portionen zwischen den festen Gesteinsbrocken liegende Feinerde, ein reichverzweigtes und weitgreifendes Wurzelsystem zu entwickeln. So besitzen die unterirdischen Teile eine größere seitliche Ausbreitung als die oberirdischen Sprosse. Die Wurzeln benachbarter Pflanzen berühren sich gegenseitig im Boden, während ihre grünen Teile über der Bodenoberfläche eine lückenhafte Vegetation bilden, die anscheinend noch genügend Platz für weitere Pflanzen zwischen sich läßt. Diese fänden aber den zur Verfügung stehenden Boden schon vollständig mit Wurzeln durchsetzt, so daß sie sich kaum mehr ernähren könnten. Jeder neue Ansiedler wird durch die *Wurzelkonkurrenz* ausgeschlossen. Die verschiedenartige Exposition des Standortes bedingt eine überaus bunte Zusammensetzung der Pflanzengesellschaften je nach den Wärme- und Lichtverhältnissen. Auch die Höhengrenze ist für die verschiedenen Pflanzen zum großen Teil von der Exposition des Standortes abhängig, wie Abb. 5 sehr deutlich zeigt.

Umgekehrt beeinflussen die Pflanzen ihren Standort. Die Schuttstauer legen die Geschiebe vor sich fest. Sie tragen dazu bei, die Böschungen abzuflachen und damit zu befestigen. Hierdurch hat die Feinerde, deren Masse durch die absterbende Vegetation immer mehr zunimmt, einen viel besseren Halt. Das Verhältnis zwischen den vegetationsfeindlichen Gesteinstrümmern und der vegetationsfreundlichen Feinerde wird für die

25

Pflanzenbesiedlung ständig günstiger. Allmählich können sich größere und anspruchsvollere Gewächse, zu denen die Sträucher gehören, entwickeln.

Die Wärme als Standortsfaktor

Jede Pflanze braucht zu ihrer Lebensbetätigung Wärme als *Betriebsenergie*. Die benötigten Wärmemengen sind für die einzelnen Lebens-

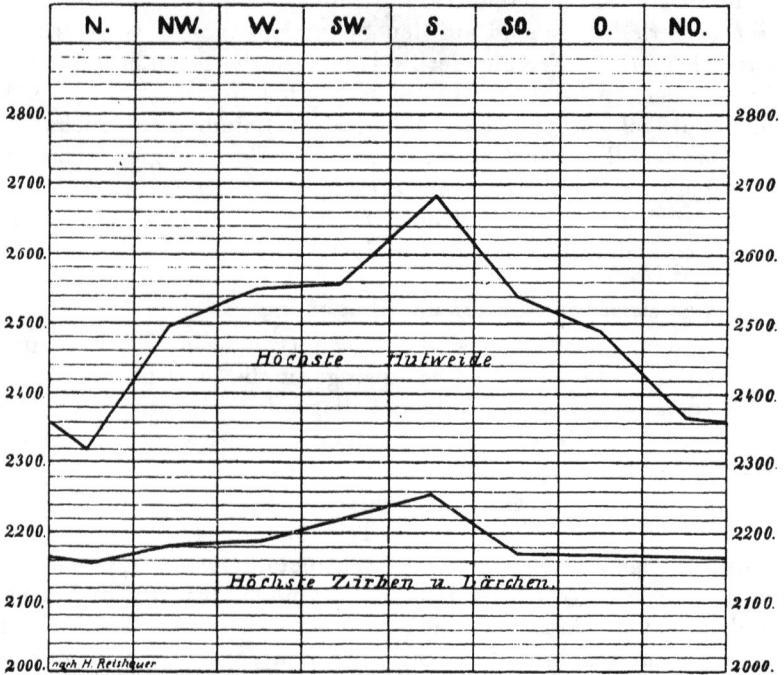

Abb. 5. *Einfluß der Exposition* (Himmelslage) auf die Höhengrenze für Weideplätze und Nadelbäume (Zirben und Lärchen) in den Stubaier Alpen. Nach Reishauer.

abschnitte recht verschieden. So sind zum Blühen und Reifen der Früchte im allgemeinen höhere Temperaturen notwendig als zur Keimung. Steht den Pflanzen eine zu geringe Wärmemenge zur Verfügung, so schränken sie ihren Haushalt so weit ein, daß man sie für untätig halten könnte. Der winterliche Laubwald sieht wie abgestorben und tot aus.

In den Samen besitzen die Pflanzen ein Mittel, um die Zeiten zu geringer Energiezufuhr zu überdauern. So finden wir von den Tropen bis gegen die Arktis eine ständige Zunahme der einjährigen Gewächse im Vergleich zu

26

den ausdauernden. Je länger und kälter die Winter in einem Klima sind, desto häufiger beschränkt sich die kompliziert aufgebaute und dadurch anspruchsvollere Pflanze auf den für sie günstigeren Jahresabschnitt und überläßt die Überwinterung ihren anspruchsloseren Samen. Allerdings geht die Zunahme der Einjährigen bei der Verschlechterung der Wärmeverhältnisse nur bis zu einem gewissen Grad. Das Klima unserer gemäßigten Zone scheint für die Entwicklung der einjährigen Pflanzen besonders geeignet zu sein. Werden die günstigen Vegetationszeiten noch kürzer, dann bleibt der Pflanze zu wenig Zeit, um ihre Entwicklung von der Keimung bis zu dem reifen Samen zu vollenden. Es ist für sie vorteilhafter, wenn sie sich als ausdauernde Pflanze bereithält, beim Eintritt der günstigeren Klimaperiode sofort ihre Blüten zu entfalten und damit die Bildung der Samen einzuleiten. So beobachteten Bonnier und Flahoult in den Westalpen eine Abnahme der einjährigen Pflanzen mit der Zunahme der Standortshöhe. Zwischen 200 m und 600 m wurden innerhalb 14 Pflanzengattungen 60°/₀ Einjährige gefunden, zwischen 600 m und 1800 m nur 33% und über 1800 m nur 6°/₀.

Die *Temperaturgrenzen*, zwischen denen sich das Leben der Pflanze abspielt, sind für die einzelnen Arten sehr verschieden. Während junge Bohnenpflanzen schon bei 3° bis 5° C über Null zugrunde gehen, verträgt das Löffelkraut (Cochlearia officinalis) das Einfrieren in Eis während seiner Blütezeit. Moosblätter sterben erst bei —20° bis —30° ab und lufttrockne Samen vertragen sogar mitunter —80° C. Ebenso verschieden liegt die Grenze nach oben. Während die meisten höheren Gewächse 50° C nicht mehr ertragen, schadet diese Temperatur den Fettpflanzen nichts. Die Krustenflechten können eine Erwärmung ihrer Gesteinsunterlage bis auf etwa 60° aushalten, trockene Samen bleiben bei einer vorübergehenden Temperatur von 100° lebensfähig und lufttrockne Hefezellen büßen ihr Leben bei 115° bis 120° C noch nicht ein.

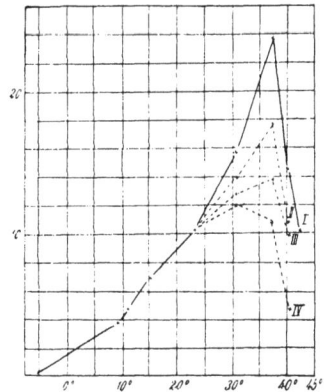

Abb. 6. *Abhängigkeit der Assimilation* (Größenwerte auf der Ordinate als mg zerlegtes CO_2 für je 50 cm² Blattfläche) *von der Temperatur* (Celsiusgrade auf der Abszisse) für den Kirschlorbeer. Die punktierten Linien geben die Werte aus später angestellten Versuchen an. Nach Matthaei.

Wie im einzelnen die Lebensbetätigung der Pflanze von der Temperatur abhängen kann, zeigt Abb. 6. Die Kurve läßt erkennen, wie die Hauptarbeit einer grünen Pflanze, die Bildung eigener Körperstoffe aus anorganischen Stoffen der Umgebung, durch die Temperatur beeinflußbar ist. Dabei stellt sich heraus, daß die hohen Temperaturen (zwischen 40° und 50°) ebenso ungünstig wirken wie die niederen (—5°C). Die Temperatur, bei der am meisten geleistet wird, liegt für den Kirschlorbeer bei 37,5°C. Solche Werte, die den günstigsten Wirkungsgrad angeben, bezeichnen das *Optimum* einer Faktorenstärke. Der Wert, der dem Beginn der Wirkung entspricht, zeigt das *Minimum* an, während das *Maximum* am Ende der Wirkungsfähigkeit erreicht wird.

Im großen und ganzen nimmt die Pflanze die Temperatur ihrer Umgebung an. Durch die bei der Transpiration erzeugte Verdunstungskälte kann der Wärmezustand der Pflanze in manchen Fällen herabgesetzt werden, was besonders bei starker Besonnung von Vorteil ist.

Es ist schwierig, die Wärmeverhältnisse, unter denen eine Formation lebt, richtig zu erfassen. Wir können nur jeweilige Wärmezustände als Temperaturen messen. Bei einem Haushalt kommen aber die Mengen der Einnahmen und Ausgaben in Betracht, die wir jedoch am Standort nicht feststellen können. Sogar die *Temperaturmessungen* stoßen oft auf Schwierigkeiten. Wir vermögen zwar mittels eines feinen Thermometers die Temperatur in verschiedenen Bodenschichten festzustellen, was für das Verständnis des Wärmehaushaltes der Wurzeln von Bedeutung ist. Aber es

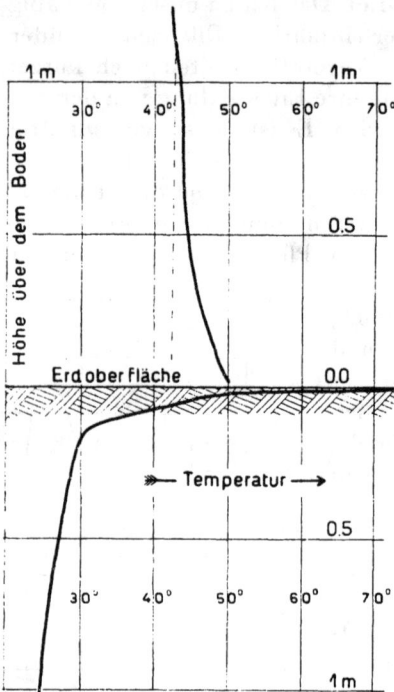

Abb. 7. *Wärmeeinstrahlung durch die bodennahen Luftschichten in den Boden.* Abszisse: Temperaturwerte, Ordinate: Höhen- und Tiefenangaben über und unter der Bodenoberfläche. Nach I. G. Sinclair.

ist kaum möglich, die Temperatur der Bodenoberfläche, d. h. der Grenzschicht zwischen Boden und Luft, genau zu ermitteln, da die Meßvorrichtungen durch ihre Größe sich teils in der Luft und teils im Boden befinden und dadurch die Temperatur der obersten Bodenschicht oder der untersten Luftschicht mitangeben. Die Lufttemperatur kann im Schatten ohne weiteres festgestellt werden, in der Sonne hingegen hängt die Messung

28

ganz von der Größe, Farbe und Form des bestrahlten Thermometergefäßes ab, in dem sich die Sonnenstrahlen in Wärme umsetzen. Da diese Messungen nicht unmittelbar vergleichbar wären, hat man sich geeinigt, die Temperaturen in der Sonne mit eigens dafür hergestellten Thermometern zu messen, die geschwärzte Glaskugeln als Quecksilberbehälter besitzen. Abb. 7 soll die Temperaturen der verschiedenen Luft- und Bodenschichten veranschaulichen, die bei der Bestrahlung der Bodenoberfläche durch die Sonne entstehen.

Weiterhin müssen die Änderungen der Wärmeverhältnisse eines Standortes ermittelt werden, die durch die Vegetation hervorgerufen werden. Zwischen den Einzelpflanzen eines Polsters oder Rasens kann die Temperatur mit Hilfe eines Quecksilberthermometers festgestellt werden. Viel schwieriger ist es, den Wärmezustand einzelner Pflanzenteile, wie Blätter, Blüten und Stämme zu messen. Man hat versucht, diese Bestimmungen mit Hilfe von Thermoelementen auf elektrischem Wege auszuführen.

Wie wir uns durch die Niederschlagskarte einen allgemeinen Überblick über die

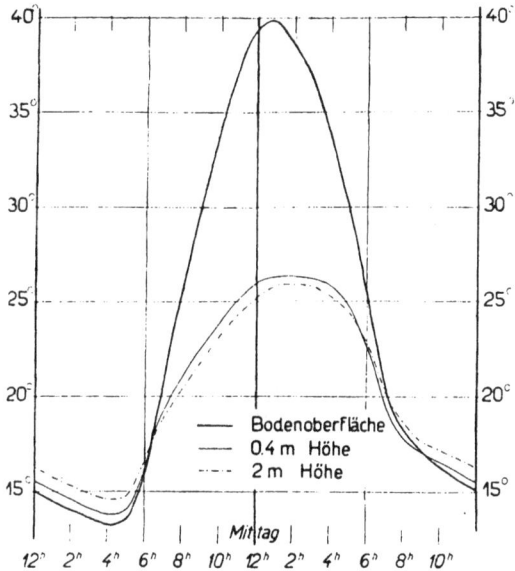

Abb. 8. *Täglicher Temperaturgang im Sommer in verschiedenen Höhen über dem festen Boden.* Nach P. Vujević.

Feuchtigkeitsverhältnisse eines Gebietes zu verschaffen vermögen, können wir auch die *Temperaturkarten* zur Betrachtung heranziehen. Auf ihnen sind die Orte gleicher mittlerer Jahres- oder Monatstemperatur durch die Isothermen verbunden. Für die Pflanzen kommt es aber nicht allein auf die mittleren Temperaturen größerer Zeitabschnitte an, sondern ganz besonders auf die Verteilung der Temperatur während der Vegetationsperioden. Hohe Sommer- und niedere Wintertemperaturen, die das Land- oder Kontinentalklima kennzeichnen, können dieselbe mittlere Jahrestemperatur ergeben, wie die gemäßigten Temperaturen des Seeklimas mit kühleren Sommern und milderen Wintern. Dabei rufen die

3* 29

beiden genannten Klimaarten Pflanzengesellschaften von äußerst verschiedenem Gepräge hervor. Die Temperaturkarten sind daher für unsere ökologischen Betrachtungen nur sehr beschränkt verwendbar.

Die Angaben der Meteorologen können dem Ökologen überhaupt nur sehr grobe Anhaltspunkte für die Bestimmung der klimatischen Standortsfaktoren bieten. Denn die meteorologischen Beobachtungsinstrumente sind in einer Höhe von 1½ bis 2 m über der Erdoberfläche angebracht. Das Leben eines großen Teiles der Vegetation spielt sich aber in der Schicht zwischen den Beobachtungsstationen und der Bodenoberfläche, oft sogar in deren unmittelbaren Nähe ab. Es ist daher besondere Aufgabe des Ökologen, den Standort auf dessen Pflanzenklima zu untersuchen, das man auch Mikroklima oder *Klima der bodennahen Luftschichten* nennt. Wie sich z. B. gerade für die Wärme das Verhalten der einzelnen Schichten über dem Boden innerhalb eines Tages unterscheidet, zeigt Abb. 8.

Übungsarbeiten

A. Am Standort.

1. Stelle eine Liste der Schutthaldenpflanzen auf.

2. Grabe vorsichtig verschiedene Pflanzenarten, die häufig vorkommen, mit dem vollständigen Wurzelsystem aus. Miß die Länge der Wurzeln und fertige danach eine schematische, maßstäbliche Skizze an. Benutze zu maßstäblichen Zeichnungen karriertes Schreibpapier, das auch beim Messen gute Dienste leisten kann. *Vermeide bei den einführenden Arbeiten, seltene Pflanzen zu zerstören.*

3. Gib mit Hilfe eines Kompasses und eines Winkelmessers, an dem du ein Lot befestigst, die Exposition für eine bestimmte Genossenschaft an. Man legt dazu zweckmäßig den Winkelmesser an der Unterseite eines längeren parallel zur Bodenoberfläche gehaltenen Stockes an.

4. Miß die Temperaturen an den verschiedensten Stellen der Schutthalden, sowohl an Nord- als auch an Südhängen und zwischen der Vegetation in unterschiedlichen Höhen unter Beachtung des in dem Abschnitt über Wärme Gesagten.

B. Im Zimmer.

Stelle auf die beiden Schalen einer größeren Waage zwei gleichgroße Glasschalen, die mit einheitlicher Erde gefüllt sind. Begieße die beiden Erdmengen gleichmäßig mit denselben Raumteilen Was-

---

Tafel 5. *Bayrischer Wald in der Nähe des Falkensteins.* 1095 m Höhe. Von NW nach SO liegender vermodernder Baumstamm mit einer Reihe von Fichten besetzt.

Aufnahme H. Heil

ser und bedecke die Erdoberfläche in der einen Schale dicht mit
flachen Steinen. Stelle Gleichgewicht her. Beobachte durch längere
Zeit hindurch das verschiedene Verhalten der beiden „Standorte",
indem du in gleichen Zeitabständen die Differenz auswiegst.

Die Gebirgswälder

Zusammensetzung

Ein ganz anderes Bild, als die seither betrachteten, niedrigen und oft
lückenhaften Formationen bieten die Gebirgswälder. Als dichte Nadel-
oder Laubholzbestände bedecken sie weite Flächen des Gebirgsbodens.

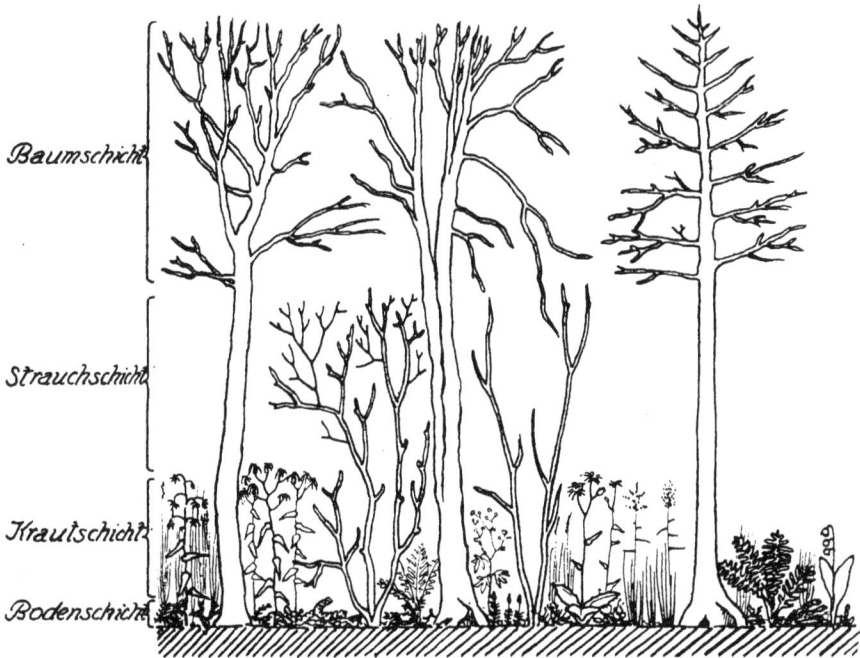

Abb. 9. *Schichtung des Waldes.* Original.

Allerdings ist der Gebirgswald als natürliche Pflanzenformation in unse-
rem Vaterland eine Seltenheit. Nur noch kleinere Bezirke besonders im
Bayrischen Wald (Taf. 5) und am Tegernsee lassen den ursprünglichen
Aufbau dieser Formation erkennen. Zwischen den Bäumen stehen mannig-

31

faltige Sträucher, und auf dem Waldboden entwickelt sich je nach den örtlichen Verhältnissen ein dichtes Gewirr von Kräutern oder ein dem Boden angeschmiegter, fast lückenloser Moosteppich. Der Wald läßt somit zwischen den Kronen der höchsten Bäume und dem Boden eine deutliche *Schichtung* der Gewächse erkennen (Abb. 9).

1. *Baumschicht.*

Je nach den verschiedenen Standortsfaktoren herrschen bald Nadel- und bald Laubbäume vor. Von Nadelbäumen treten besonders die *Fichte* (Picea excelsa) und die *Weißtanne* (Abies alba) in den Vordergrund. Die wichtigsten Laubbäume unserer Bergwälder sind die *Buche* (Fagus silvatica) und der *Bergahorn* (Acer pseudoplatanus).

2. *Strauchschicht.*

Von Sträuchern, die allerdings auch in Baumform in die Niederwaldschicht ragen können, erscheinen die *Zitter-Pappel* (Populus tremula), die *Sal-Weide* (Salix caprea), der *Vogelbeerbaum* (Sorbus aucuparia), der *Mehlbeerbaum* (Sorbus Aria) und der *Holunder* (Sambucus nigra). Von kleineren Sträuchern treten die *Himbeere* (Rubus Idaeus) und der *Seidelbast* (Daphne Mezereum) auf. Außerdem mischen sich in diese Schicht die Jungpflanzen der großen Bäume, die in manchen Waldgebieten fast allein die Strauchschicht ausmachen. Im allgemeinen ist in den eigentlichen Gebirgswäldern die Strauchschicht nicht allzu stark ausgebildet, ja sie fehlt manchmal ganz. Die Zwergsträucher, zu denen die *Heidelbeere* (Vaccinium Myrtillus) gehört, leiten zur nächst niederen Schicht über.

3. *Krautschicht.*

Die Krautschicht ist gerade in den Bergwäldern oft außerordentlich reich ausgestaltet, wie Taf. 6 zeigt. Die wichtigeren Vertreter sind: der *Gebirgs-Hahnenfuß* (Ranunculus aconitifolius), das *wilde Silberblatt* (Lunaria rediviva), der *Geißbart* (Aruncus silvester), das *Rührmichnichtan* (Impatiens Noli tangere), das *Wald-Weidenröschen* (Epilobium angustifolium). das *Hexenkraut* (Circaea Lutetiana), die *Sterndolde* (Astrantia maior), die *Waldnessel* (Stachys silvaticus), die weiße *Pestwurz* (Petasites albus), der *Alpendost* (Adenostyles Alliariae (= albifrons)), das *Hain-Kreuzkraut* (Senecio nemorensis subsp. Fuchsii), die *Bergflockenblume* (Centaurea

Tafel 6. *Krautschicht aus dem Schwarzwald* (Feldberg-Gebiet). Weiße Pestwurz — große Blätter links vorne, grauer Alpendost — Blütenkopf auf hohem Stengel darüber, Gebirgs-Hahnenfuß — weiße Einzelblüten in der Mitte, Geißbart — große, weiße Blütenrispen darüber, weiblicher Waldfarn — rechts.

Aufnahme H. Heil

montana), der *Alpen-Milchlattich* (Mulgedium alpinum (= Cicerbita alpina)). der *Hasenlattich* (Prenanthes purpurea) und der *Türkenbund* (Lilium martagon). Weite Flächen werden oft von verschiedenen Farnarten bedeckt, unter denen der *Wurmfarn* (Aspidium filix mas), der *Dornfarn* (Aspidium spinulosum subsp. dilatatum), der *Eichenfarn* (Aspidium dryopteris) und der weibliche *Waldfarn* (Athyrium filix femina) hervorzuheben sind.

4. *Bodenschicht.*

Die Bodenschicht wird hauptsächlich von Laub- und Lebermoosen gebildet. Neben den bleichgrünen Rasen verschiedener *Torfmoosarten* (Sphagnum) entwickeln dunkelgrüne *Widertonmoose* (Polytrichum) üppige Polster, die an manchen Stellen von dem *Sternmoos* und seinen Verwandten (Mnium) abgelöst werden. Die Lebermoose, besonders die Gruppe der zierlichen *Jungermanniaceen*, entfalten gerade in den Gebirgswäldern eine ungeahnte Formenfülle.

Bau und Leistung wesentlicher Arten

Der Baum hat durch die reiche Verzweigung seiner Äste die Möglichkeit, eine ungeheure Anzahl von Blättern gleichzeitig zur Entfaltung zu bringen. Das grüne *Laubblatt* zeigt einen Aufbau, der zur Erledigung seiner wichtigen Aufgabe sehr vorteilhaft ist (Taf. 7). Gegen die Außenwelt schließt das Blatt durch eine Schicht aus flachen, mit ihren seitlichen Vorsprüngen festverzahnten Zellen ab, die die Oberhaut (Epidermis) bilden. Die Verbindung zwischen dem Blattinnern und der äußeren Atmosphäre wird durch die zumeist auf der Unterseite befindlichen Spaltöffnungen aufrechterhalten. Diese können durch die in ihrer Größe veränderlichen Schließzellen je nach den Bedürfnissen geöffnet oder geschlossen werden. Das von der Oberhaut umgebene Mittelblatt (Mesophyll) ist einer chemischen Fabrik vergleichbar, in der allerdings chemische Umwandlungen vollzogen werden, wie sie noch kein menschlicher Chemiker vollbringen konnte. Hier wird aus einfachen Rohstoffen wie Wasser und Kohlendioxyd mit Hilfe der Lichtenergie und des Katalysators Chlorophyll (Blattgrün) bei gewöhnlicher Temperatur und gewöhnlichem Druck ein organischer Stoff, der Traubenzucker, und aus ihm die Stärke hergestellt. Das Mittelblatt hat dazu folgende Einrichtungen: Die großen Lücken (Interzellularräume) in dem Schwammgewebe, das den unteren Teil des Mittelblattes bildet, hängen alle miteinander zusammen und stellen einen geeigneten Raum zur Aufnahme der durch die Spaltöffnungen ein- und austretenden Gase dar. Von hier aus können die Zellen mit Luft umspült werden, die den für die chemische Umsetzung wichtigen Betriebs-stoff Kohlendioxyd enthält. Der andere Rohstoff Wasser wird durch lange Leitungen aus röhrenförmigen Zellen von der Wurzel herbeigeschafft und durch die letzten Verzweigungen dieses Wasserleitungssystemes, die Blatt-adern, in dem Gewebe des Blattes verteilt. Der obere, dem Himmelslichte zugekehrte Teil des Mittelblattes besteht aus flaschen- oder pfahlförmigen, dichtgedrängten Zellen, den Palisaden. Diese Zellen sind besonders dicht mit Blattgrünkörnern (Chlorophyllkörnern) erfüllt, in denen sich die Um-wandlung der körperfremden Rohstoffe zu den organischen Aufbaustoffen des eigenen Körpers vollzieht.

Wenn sich auch dieser Bauplan im allgemeinen bei jedem Laubblatt wie-derholt, so treten doch verschiedene Abänderungen in der einzelnen Aus-gestaltung auf. Sogar an ein und demselben Buchenbaum können sich Blätter von verschiedener Dicke und von einander abweichendem Bau entwickeln. Die dem Himmel zugekehrten Blätter an der Außenseite der Krone sind dicker und lediger, als die nach dem Waldesinnern ge-kehrten.

In der Strauchschicht fallen die meisten Pflanzen durch ihre großen, glatten, zumeist unbehaarten Blätter auf. Die Transpiration der Wald-pflanzen ist bei der durch die große Anzahl der Blätter bedingten Ober-fläche der Bäume und den ausgebreiteten und dünnen Blattflächen der Kräuter sehr stark. In wasserarmen Zeiten werden die Blätter abgeworfen. Eine Korkschicht, die sich vor dem Laubfall zwischen der Ansatzstelle des Blattstieles und dem Zweig ausbildet, verhindert die Verdunstung aus der Blattnarbe. In unserem Klima erfolgt der Laubfall ganz periodisch vor dem Winter mit seinem Bodenfrost.

Von besonderem ökologischen Interesse sind die unterirdischen Teile der Waldpflanzen. Die Pflanzen der Boden- und der Krautschicht zeigen im allgemeinen sehr kleine Wurzelsysteme gegenüber den Schutthalden-pflanzen. Etwas tiefer in den Boden dringen die Wurzeln verschiedener mehrjähriger Kräuter und der Farne. Am weitesten arbeiten sich die Wur-zeln der Bäume in die Tiefe des Erdreiches hinein. Unter der Bodenober-fläche entsteht auf diese Weise eine ähnliche *Schichtung der Wurzeln* (Abb. 10) wie die der laubtragenden Pflanzenteile in der Luft.

Die Wurzeln der Waldbäume zeigen eine besondere Eigentümlichkeit. Sie sind von feinen Pilzfäden umsponnen, die oft in das Innere des Wurzel-körpers eindringen. Durch Versuche konnte man feststellen, daß sich

Tafel 7. *Stück aus dem Laubblatt der Buche.* Vergrößerung 900fach. Rechts treppenförmig durchschnitten.

oberes Oberhautgewebe (Epidermis)

Palisadengewebe

Schwammgewebe

unteres Oberhautgewebe (Epidermis)

Spaltöffnung

H. Heil.

unsere Waldbäume — ausgenommen die Esche — ohne diese Pilze sehr schlecht entwickeln. Man nennt die Erscheinung dieser verpilzten Wurzeln *Mykorrhiza*. Die Pilzfäden helfen bei der Wasseraufnahme und Ernährung des Baumes mit und sind daher ein wichtiges Glied in dessen Haushalt. Die zeitweise erscheinenden Fruchtkörper vieler dieser Mykor-

rhizapilze sind ganz bekannte Schwämme. Oft lebt eine bestimmte Art von Bäumen immer nur mit der gleichen Pilzart zusammen. So steht der schöne Röhrling (Boletus elegans) immer bei der Lärche, der Birkenpilz (Boletus scaber), meist auch der Steinpilz (Boletus edulis) und der Fliegenpilz (Amanita muscaria) bei der Birke und der echte Reizker (Lactarius deliciosus) in der Nähe von Fichten oder Kiefern.

Standortsfaktoren

Der *Boden* der Gebirgswälder hat eine gewisse Ähnlichkeit mit dem der Schutthalden. Er setzt sich aus Gesteinstrümmern und humusreicher Erde zusammen und liegt oft auf wenig verwittertem Fels. Der für die Vegetation bedeutungsvolle Unterschied liegt in dem Mengenverhältnis der beiden

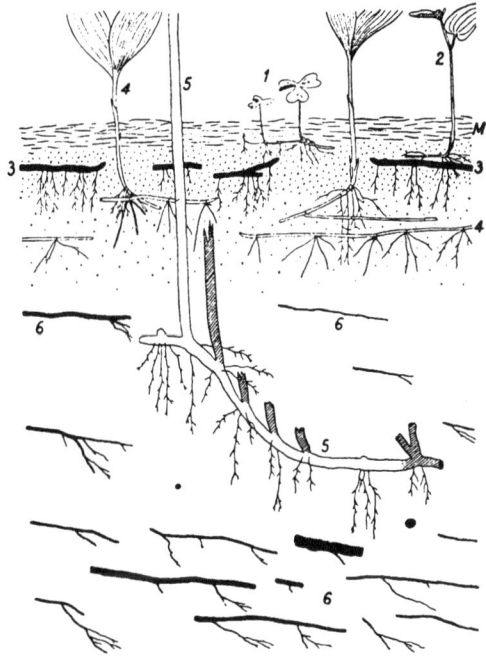

Abb. 10. *Schichtung der Wurzeln im humusreichen Waldboden.* Nach F. J. Meyer. *M* Blattmull. *1* Sauerklee, *2* Zweiblatt, *3* Busch-Windröschen. *4* Maiblume, *5* Adlerfarn. *6* Stieleiche.

Bestandteile. Während die Geröll- und Schuttböden vorwiegend aus Gesteinsstücken bestehen, zwischen denen sich spärlich etwas Feinerde ansammelt, treten in den obersten Schichten des Waldbodens die Gesteinstrümmer zurück und die Feinerde überwiegt.

Das Waldklima zeichnet sich durch gleichmäßige Feuchtigkeit aus, die sich in den von sprühenden Gebirgswässern durchbrausten, schattigen Schluchten noch erheblich steigert. Im übrigen schafft sich der Lebensraum Wald sein eigenes *Klima*, wie wir im nächsten Abschnitt sehen werden.

Beziehungen zwischen Pflanzen und Umgebung

Selten bildet eine Pflanzengenossenschaft untereinander und mit ihrer Umgebung einen so in sich abgeschlossenen Lebensraum wie der Wald und besonders der Bergwald.

Sehr mannigfaltig sind die Wechselbeziehungen zwischen den einzelnen Pflanzen. Fanden wir in der Gesellschaft der Schutthalden starke Wurzelkonkurrenz, so bemerken wir in dem Walde gerade das Gegenteil. Hier weichen sich ganze Pflanzengruppen gegenseitig aus, indem sie sowohl ihre oberirdischen als auch unterirdischen Teile in Schichten übereinander lagern. Allerdings besteht innerhalb dieser Schichten sowohl Wurzel- als auch Sproßkonkurrenz. Die Waldbäume schließen sich mit Pilzen zu einer *Lebensgemeinschaft* zusammen.

Die Beeinflussung der Umgebung und die Veränderung der ursprünglichen Standortsfaktoren ist durch den Wald so groß, daß er sich sein *eigenes Klima* und seinen eigenen Boden schafft.

Das dichte Kronendach schwächt das einfallende *Licht*, das nur gedämpft in den Waldesraum eindringen kann. Bei stark geschichteten Wäldern bleibt für die Bodenvegetation nur ein ganz geringer Bruchteil des freien Himmelslichtes übrig. Reicht das Licht nicht mehr für die Entwicklung der grünen Pflanzen am Waldesboden aus, dann entsteht der tote Waldesschatten. In ihm können nur einige Pflanzen gedeihen, die nicht auf die Lichtenergie angewiesen sind, sondern ihre Nahrung unmittelbar anderen Organismen entnehmen. Diese Pflanzen sind nicht mit Chlorophyll ausgerüstet, das für sie ja überflüssig wäre. Sie entwickeln sich entweder als

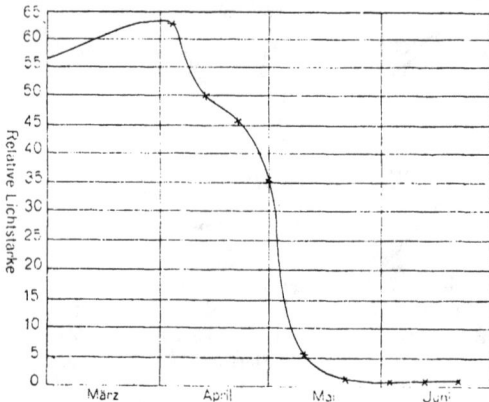

Abb. 11. *Abnahme des Lichtes im Walde (Eichen, Hainbuchen) während der Laubentfaltung im April - Mai.* Nach E. I. Salisbury.

Fäulnisbewohner (Saprophyten) auf abgestorbenen Pflanzenteilen wie die Vogel-Nestwurz (Neottia Nidus avis), der Fichtenspargel (Monotropa Hypopitys) und die Mehrzahl der Pilze, oder befallen als Schmarotzer (Parasiten) lebende Pflanzen. Außer einigen Pilzen beherbergen die Gebirgswälder kaum echte Schmarotzer. Während der Nadelwald die Be-

36

leuchtungsstärke das ganze Jahr über gleichmäßig beeinflußt, verursacht der Laubwald zeitliche Unterschiede. Im Winter und im Vorfrühling lassen die blattlosen Baumkronen eine viel größere Lichtmenge hindurch

Blütezeit der frühblühenden Frühlingsblumen und der Laubausbruch der Waldbäume. (Aus: Grupe. Naturk. Wanderbuch. 1930. S. 14.)

Frühblüher:	Jan.	Febr.	März	April	Mai	Juni	Juli
Schneeglöckchen		———					
Haselstrauch		———					
Frühlingsknotenblume . .		———					
Seidelbast		———					
Leberblümchen			———				
Lungenkraut			———				
Buschwindröschen			———				
Schlüsselblume			———				
Lerchensporn			———				
Scharbockskraut			———				
Laubausbruch:							
Erle				———			
Ulme				———			
Zitterpappel				———			
Ahorn				———			
Birke				———			
Buche				———			
Hainbuche				———			
Linde				———			
Esche				———			
Eiche				———			

als nach der Laubentfaltung im Sommer. Diese Abnahme des Lichtes nach der Laubentfaltung kommt auf Abb. 11 sehr deutlich zum Ausdruck. Auf diesen zeitlich verschiedenen Lichtgenuß stellt sich die Bodenflora des Laubwaldes ein. In der vorstehenden Tabelle sind die Längen der Blütenzeiten und die Zeiten des Laubausbruches durch Striche bezeichnet.

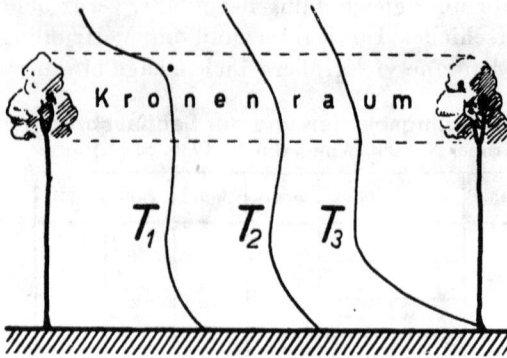

Abb. 12. *Verteilung der relativen Feuchtigkeit in den verschiedenen Schichten des Waldes.* T_1 morgens, T_2 mittags, T_3 abends. Nach Geiger.

Die lichthungrigen Pflanzen wie z. B. unser Busch-Wind-röschen (Anemone nemoro-sa) benutzen die Zeit vor der Laubentfaltung, um zu blü-hen und zu fruchten und in den Laubblättern neue Nähr-stoffe zu bilden, die sie zum größten Teil in ihren Wurzel-stöcken aufspeichern. Wird nach der Laubentfaltung das Licht für sie zu schwach, dann sterben die Blätter ab. Nur ihre unterirdischen Teile überdauern die lichtarme Zeit des Sommers und Herbstes und die wärmearme Zeit des Winters. Auf die *Feuchtigkeits*verhältnisse einer Gegend übt der Wald großen Ein-fluß aus. Die Gebirgswälder mit ihrer üppigen Moosentwicklung hemmen bei starken Regengüssen die in die Tiefe stürzenden Wassermassen. Gleich einem riesigen Schwamm halten sie einen großen Teil des Wassers in sich zurück und geben es nur langsam an die Atmosphäre ab. Der Wald wirkt ausgleichend auf das Feuchtigkeitsklima einer Gegend und hat daher eine ungeheure Bedeutung für die menschliche Kultur. Im Innern des Waldes nimmt die relative Feuchtigkeit der Luft nach der Bodenoberfläche hin stark zu (Abb. 12). In der feuchten Waldluft können sich Pflanzen mit zarten, stark transpirierenden Blät-tern entwickeln. Diese vertrocknen sofort, wenn ihr Lebensraum durch das Fällen von Bäumen gestört wird. Abb. 13 zeigt, wie der Wald auch das *Wärmeklima* lokal beeinflußt. Die die Sonnenstrahlen zurückwerfende Ober-fläche ist von dem Erdboden nach der Außenseite der Baumkronen verlegt. so daß sich die höchsten Tempera-turen dicht über dem Kronendach entwickeln. Da die Strahlen durch die Baumkronen zum großen Teil zu-rückgehalten werden, sind die Tempe-

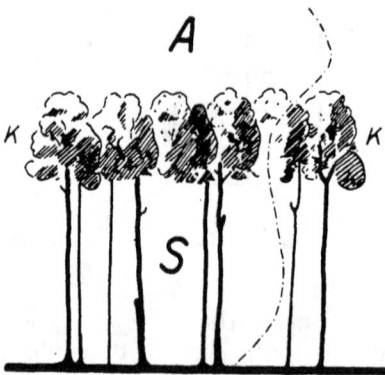

Abb. 13. *Verteilung der Mittags-Tempe-raturen in den verschiedenen Schichten des Waldes.* Nach Geiger.

38

raturen in dem Waldraum während des Sonnenscheins niedriger als außen. Außerdem wirkt dort die Verdunstungskälte, die sich besonders in der Nähe des Bodens bemerkbar macht. Umgekehrt hält der Waldraum beim Mangel an äußerer Einstrahlung, also am Abend und in der Nacht, seinen Wärmevorrat fest. Der Wald wirkt demnach auch auf das Wärmeklima ausgleichend.

Er setzt der Luftbewegung großen Widerstand entgegen, so daß die *Windgeschwindigkeit*

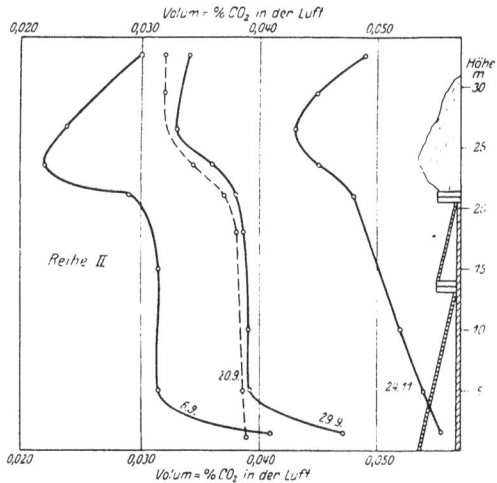

Abb. 14. *Verteilung der Windstärke in den verschiedenen Schichten des Waldes* bei verschiedener Windgeschwindigkeit. Abszisse: Windgeschwindigkeit in m/sec, Ordinate: Höhen der Schichten. Nach Geiger.

über dem Kronendach sich schnell verringert, zwischen den Bäumen sehr schwach ist und über dem Boden fast ganz abnimmt (Abb. 14).

Bei dem Walde läßt sich besonders deutlich der Unterschied zwischen dem Eigenklima (Mikroklima) und dem allgemein herrschenden einer Gegend (Makroklima) erkennen.

Der ursprünglich vorhandene *Boden* wird durch den Wald in vielem stark verändert. Die große Anzahl der Laubbäume überschüttet ihn alljährlich mit den abgeworfenen Blättern. Damit werden der Erde die Nährstoffe wieder zurückgegeben, die ihr die Pflanze zum Aufbau ihres Blattwerkes entzieht und die sie später wieder durch ihre Wurzeln aufnehmen muß. Dieser ständige Kreislauf würde den Boden in seiner Zusammensetzung kaum verändern, wenn die Blätter ihm nicht noch etwas hinzufügten, was er vorher nicht besaß.

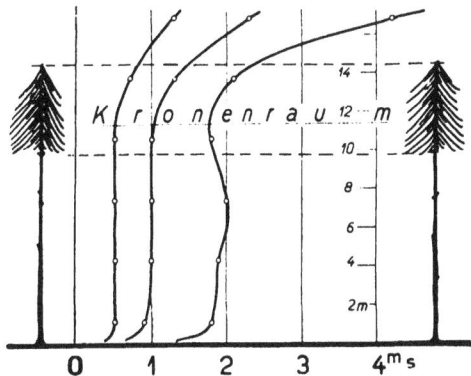

Abb. 15. *Verteilung des Kohlendioxydgehaltes in den verschiedenen Schichten eines Buchenbestandes* an verschiedenen Tagen. Nach Meinecke d. J.

Außer den anorganischen im Wasser des Bodens gelösten Salzen verarbeitet die grüne Pflanze das Kohlendioxyd der Luft, dessen Menge in den verschiedenen Schichten des Waldes verschieden ist (Abb. 15) (Näheres S. 78). Aus ihm bildet sie den Baustoff der Zellwände, die Zellulose und viele andere Stoffe ihres Körpers. Diese gelangen mit den fallenden Blättern ebenfalls auf den Boden und verwandeln sich in *Humus,* der sich als neuer Bestandteil der Erde beimischt. In den unberührten Urwäldern brechen die alten morschen Stämme zusammen und tragen durch ihre Zersetzung wesentlich zur Humusbildung bei (Taf. 5). Humus lockert den Boden und hält die aufgenommene Feuchtigkeit zurück, beeinflußt ihn also für die Vegetation in günstiger Weise. Hierdurch unterscheiden sich die Böden der Urwälder ganz wesentlich von denen unserer wohlgepflegten Forste. Greift der Mensch noch weiter in diesen natürlichen Kreislauf ein und nimmt durch die sogenannte Streunutzung das abgefallene Laub fort, dann verursacht er eine Verarmung des Waldbodens an Nährsalzen, die sich an seinen Forstkulturen mit der Zeit rächt.

Das Licht als Standortsfaktor

Bei der Betrachtung des Laubblattes haben wir erkannt, welche wesentliche *Energiequelle* für die grüne Pflanze das Licht ist. Alle übrigen Pflanzen, die des Chlorophylls entbehren, sind in ihrer Ernährung abhängig von den grünen. Man stellt sie als Heterotrophe (von heteros = verschieden, trophe = Ernährung) denjenigen gegenüber, die sich direkt aus den anorganischen Rohstoffen ihrer Umgebung selbständig ernähren können. Diese große Gruppe, zu denen vorwiegend alle grünen Pflanzen gehören, bezeichnet man als Autotrophe (von autos = selbst, trophe = Ernährung).

Das Himmelslicht steht den Pflanzen entweder als direkte Sonnenstrahlung oder als diffuses, d. h. zerstreutes Licht zur Verfügung. Die Pflanzen der Felsformationen genießen bei geeigneter Exposition die unmittelbare Lichtstrahlung der Sonne, die an die Gewächse des Waldesschattens unter Umständen zeitlebens nicht herankommt. Jenen steht eine viel stärkere Lichtintensität zur Verfügung als diesen. Hiernach liegt die Vermutung nahe, daß zwischen den einzelnen ökologischen Pflanzentypen und einer bestimmten Beleuchtungsstärke ähnliche Beziehungen bestehen, wie wir sie für andere Standortsfaktoren schon kennengelernt haben. Diese Beziehungen werden uns klar, wenn wir das Verhalten ein und derselben Pflanzenart unter verschiedenartiger Beleuchtung beobachten.

In sehr schattigen Wäldern finden wir in der Krautschicht oft Pflanzen, die wohl ihre Laubblätter entfalten, aber nie blühen. In etwas lichteren

Teilen des Waldes gelangen sie dagegen regelmäßig zur Blüte. Die Stärke der Beleuchtung überschreitet von jenem nach diesem Standort eine Grenze, die für die Entwicklung der Pflanze von größter Bedeutung ist. Oberhalb dieser Grenze gelingt ihr außer dem Aufbau ihres Körpers auch die geschlechtliche Fortpflanzung. Die unterhalb dieser Grenze zugeführte Lichtenergie reicht nur zum Aufbau und zur Erhaltung des eigenen Körpers aus. Eine Fortpflanzung auf geschlechtlichem Weg ist nicht möglich, da es nie zur Blüten- und dadurch später zur Samenbildung kommt. Die Pflanze schließt mit ihrem Tode die Entwicklungsreihe ihrer Vorfahren ab, ohne Nachkommen zu hinterlassen, wenn ihr nicht ein anderes Fortpflanzungsmittel zur Verfügung steht. Manche Pflanzen vermögen ihren Körper durch Ausläufer verjüngend zu teilen. Hierdurch haben sie einen Ersatz für die mangelnde Samenentwicklung. An die Stelle der geschlechtlichen Fortpflanzung tritt die ungeschlechtliche oder vegetative. Mit ihrer Hilfe können sich die Pflanzen auch noch an den Stellen halten, an denen das Licht für die Blütenentwicklung nicht mehr ausreicht. Nimmt die Lichtstärke noch weiter ab, dann ist auch die Entwicklung der vegetativen grünen Pflanze aus einem an den Standort gelangten Samen nicht mehr möglich. Ein solcher lichtarmer Platz kann nur von den vom Lichte unabhängigen Heterotrophen, also den Fäulnisbewohnern und den Schmarotzern, besiedelt werden. Wiederum ist eine ökologisch bedeutungsvolle Lichtgrenze überschritten, die die grünen Pflanzen von den nichtgrünen scheidet. Mit ihr beginnt der sogenannte tote Waldesschatten, der sich allerdings nur auf die grünen Gewächse bezieht.

In der folgenden Übersicht sind nach den Untersuchungen von Wiesner einige untere Grenzwerte als Bruchteile der vollen, nicht durch Schatten verringerten Lichtstärke für verschiedene Pflanzen angegeben.

Kräuter.

Scharfer Mauerpfeffer (Sedum acre)	1/2.1
Quendel (Thymus serpyllum)	1/4.2
Busch-Windröschen (Anemone nemorosa)	1/5
Vielblütige Weißwurz (Polygonatum multiflorum)	1/8
Hasenlattich (Prenanthes purpurea)	1/30
Adlerfarn (Pteridium aquilinum)	1/60
Sauerklee (Oxalis Acetosella)	1/70

Bäume.

Esche (Fraxinus excelsior)	1/5.8
Birke (Betula verrucosa)	1/9

41

Kiefer (Pinus silvestris) 1/11
Fichte (Picea excelsa) 1/36
Stiel-Eiche (Quercus Robur) 1/26
Buche (Fagus silvatica) 1/60
Buchs (Buxus sempervirens) 1/108

Auf Grund solcher Werte für das *Lichtminimum* lassen sich die Pflanzen, die zu ihrer Entwicklung viel Licht benötigen, die Licht- oder Sonnenpflanzen, denen gegenüberstellen, die sich mit geringeren Lichtmengen begnügen, den Schattenpflanzen.

Wie steht es nun mit einer Lichtgrenze nach oben ? Vertragen die Schattenpflanzen keine größeren Beleuchtungsstärken, oder finden sie sich aus anderen Gründen nur an den dunkleren Standorten zusammen ? Beobachtungen in der freien Natur werden uns hierbei leicht täuschen, da uns die Einwirkungen der übrigen Faktoren eines Licht- und eines Schattenstandortes entgehen können. Mit der stärkeren Beleuchtung durch Sonnenbestrahlung hängt auch eine stärkere Erwärmung zusammen. Außerdem sind die freien Standorte mehr dem Winde ausgesetzt als die geschlossenen schattigen. Wärme und Wind verursachen eine starke Austrocknung des Pflanzenkörpers, gegen die die Schattenpflanzen äußerst empfindlich sind. Man hat durch sorgfältige Versuche festgestellt, daß auch den Schattenpflanzen die volle Lichtstärke nicht unmittelbar schadet. Allerdings genießen die Sonnenpflanzen aus der in größerer Menge zur Verfügung stehenden Lichtenergie ihres Standortes größere Vorteile, als sie sich die Schattenpflanzen verschaffen können. Diese vermögen das Licht nur bis zu einer bestimmten Stärke zur Kohlenstoffassimilation, also zum Aufbau des Zuckers und der Stärke, auszunutzen. Ist diese Grenze erreicht, dann findet bei einer Steigerung der Lichtstärke kein vermehrter Aufbau der Assimilationsprodukte statt. Eine größere Helligkeit des Standortes wäre somit für sie wertlos. Bei den Sonnenpflanzen hingegen wird durch die Steigerung der Lichtstärke eine fortlaufende Steigerung der Produktion bewirkt. Diese Tatsache geht sehr klar aus Abb. 16 hervor.

Zur *Messung* der Lichtstärke hat man genau arbeitende Apparate gebaut, die Photometer. Für einfachere Untersuchungen, die nur eine allgemeine Übersicht über die Standortsverhältnisse bezwecken sollen, genügt die Bestimmung mit photographischem Tageslichtpapier. Dieses benötigt bekanntlich zu einem bestimmten Braunton bei schwächerer Beleuchtung eine längere Belichtungszeit als bei einer stärkeren. Dabei stehen Lichtstärke und Belichtungszeit annähernd in umgekehrtem Verhältnis. Haben wir uns auf einem Stück Papier einen beständigen Vergleichston hergestellt, dann brauchen wir nur einmal unter freiem Himmel und einmal an dem zu untersuchenden Standort die Zeiten zu ermitteln, in denen das photographische Papier bis zu dem daneben gehaltenen Vergleichston

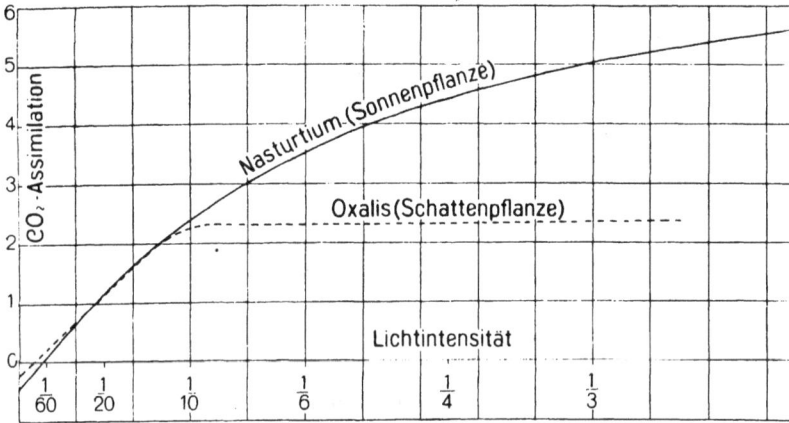

Abb. 16. *Oekologische Assimilationskurven von Sonnen- und Schattenpflanzen.* Nach Lundegardh. Die Sonnenpflanze (Kresse) vermag größere Lichtstärken zu gesteigerter Produktion auszunutzen, während die Schattenpflanze (Sauerklee) schon bei etwa $\frac{1}{10}$ der im Versuche zur Verfügung stehenden vollen Lichtstärke die Grenze ihrer Leistungsfähigkeit erreicht

dunkelt. Durch die Division der Zeitwerte ergibt sich die Zahl, die den Bruchteil der Beleuchtungsstärke des dunkleren Standortes gegenüber dem helleren angibt.

Übungsarbeiten

A. Am Standort.

1. Verschaffe dir einen Überblick über die Pflanzenarten einer Waldgenossenschaft und stelle die Namen nach den natürlichen Gruppen zusammen.

2. Fertige eine schematische Skizze der Schichtung an und trage die Namen der auffälligen Formen darin ein.

3. Verfolge die Entwicklungszustände von Pflanzen aus verschiedenen Schichten während eines Jahres.

4. Hebe an einer geeigneten Stelle durch senkrechte Spatenstiche Boden aus und zeichne maßstäblich die Schichtung der Wurzeln. Gib dabei auf den Zusammenhang der Wurzeln mit den oberirdischen Teilen acht, damit die Artzugehörigkeit stimmt.

5. Stelle mit Hilfe der vorher angegebenen Methode die Lichtintensität in verschiedenen Waldarten und in verschiedenen Schichten
   fest. Achte auf die bei geringerer Lichtstärke fehlenden und auch
   neu auftretenden Arten.
6. Ermittle die Temperaturen des Waldbodens und verschieden hoher
   Luftschichten und vergleiche sie mit den gleichzeitigen Messungen
   auf einer Wiese oder einem Acker.
7. Untersuche in derselben Weise die relative Luftfeuchtigkeit.
8. Miß ebenso die Verdunstungskraft der Atmosphäre.

B. Im Zimmer.

1. Untersuche unter dem Mikroskop Querschnitte durch die Blätter
   verschiedener Waldpflanzen (Sauerklee).
2. Vergleiche Querschnitte von Baumblättern, die in starkem Schatten gewachsen sind mit solchen, die aus vollem Licht stammen.
3. Stelle zwei möglichst große Schattenpflanzen derselben Art in zwei
   kleinere Gläser mit Wasser und dichte die Wasseroberfläche mit Öl
   ab. Merke dir das Gewicht einer jeden Pflanze mit ihrem Glase und
   bringe die eine Pflanze vor das Fenster in die Sonne, die andere
   in eine dunkle Zimmerecke. Wiege in kleineren gleichen Zeitabständen beide Gefäße. Stelle die zunehmenden Gewichtsverluste gra-
   phisch dar (Zeit als Abszisse, Gewichtsverlust als Ordinate).
4. Untersuche mit schwacher Vergrößerung die vorsichtig ausgegra-
   benen und abgespülten Wurzelenden einiger Waldbäume auf Ver-
   pilzung. Beobachte an dünnen Querschnitten bei stärkerer Vergrößerung das Verhalten der Pilzfäden in den Wurzelzellen.

Die Pflanzengesellschaften der Lößhänge

Zusammensetzung

Die Ränder unserer Mittelgebirge sind an manchen Orten von einer Lößdecke überzogen. Diese Stellen fallen gegenüber dem ursprünglichen Ge-
birgsboden durch eine eigentümliche Vegetation auf. Besonders scharf
tritt dieser Unterschied hervor, wenn das Grundgebirge aus kalklosem
Gestein besteht. Bei Kalkgebirgen sind sich die Pflanzengesellschaften
des eigentlichen Gebirgsbodens und des Lößes mitunter sehr ähnlich, so
daß wir die Pflanzenvereine der Kalkhügel mit in unsere Betrachtung
ziehen können. Unter den Pflanzen der Lößvegetation treten zeitliche
Gruppen hervor.

44

Zu Beginn des Frühjahrs blühen verschiedene Liliengewächse wie der *Gelbstern* (Gagea), einige *Laucharten* (Allium), der *Milchstern* (Ornithogalum) und die *Traubenhyazinthe* (Muscari). Von Orchideen fallen etwas später die *Ragwurz*arten (Ophrys) auf und von den Hahnenfußgewächsen kommen die *Küchenschelle* (Anemone Pulsatilla) (Taf. 8, Fig. 4) und das *gelbe Adonisröschen* (Adonis vernalis) früh zur Blüte. Außer diesen mehrjährigen Gewächsen belebt eine einjährige Gesellschaft kleiner Pflänzchen die Lößhänge. Unter ihnen befinden sich Nelkengewächse wie das *Sandhornkraut* (Cerastium semidecandrum) (Taf. 10, Fig. 2) und die *Spurre* (Holosteum umbellatum) (Taf. 10, Fig. 3), die Kreuzblütler *Hungerblümchen* (Draba verna) (Taf. 10, Fig. 1) und *Schmalwand* (Arabidopsis Thaliana (= Stenophragma Thalianum)), kleine *Vergißmeinnicht*-(Myosotis) und *Ehrenpreis*arten (Veronica).

Im Sommer sind die meisten der genannten Pflanzen verschwunden oder stehen unauffällig und blütenlos zwischen einer anderen Gruppe von Lößgewächsen, die zu dieser Zeit blühen. Dazu gehören die Pfriemen- oder *Federgräser* (Stipa) und die *Graslilien* (Anthericum) (Taf. 8, Fig. 3). Die Rosengewächse sind durch die *Erdbeere* (Fragaria) und durch die *Fingerkraut*arten (Potentilla) vertreten, die Schmetterlingsblütler erscheinen mit zahlreichen Arten, eine für die Lößhänge charakteristische ist der *Hufeisenklee* (Hippocrepis comosa) (Taf. 8, Fig. 9), die Doldenblütler stellen auffällige Vertreter wie die *Sichelmöhre* (Falcaria vulgaris) und einige *Haarstrang*arten (Peucedanum Alsaticum, Oreoselinum und Cervaria). von Lippenblütlern blüht der *Edelgamander* (Teucrium Chamaedrys) und das *Beschreikraut* (Stachys rectus), von Rachenblütlern die *Königskerze* (Verbascum). Die Korbblütler tragen mit dem *rauhen Alant* (Inula hirta) (Taf. 8, Fig. 6), verschiedenen *Flockenblumen*arten (Centaurea) und den *Habichtskräutern* (Hieracium) zur Lößvegetation bei.

Eine dritte Gruppe erreicht erst im Herbst den Höhepunkt ihrer Entwicklung. Vom Sommer her blühen noch die *Karthäuser-Nelke* (Dianthus Carthusianorum) (Taf. 8, Fig. 2) und die *Schwalbenwurz* (Vincetoxicum officinale) (Taf. 8, Fig. 5) sowie die *große Braunelle* (Prunella grandiflora) (Taf. 8, Fig. 1), später der *gefranste Enzian* (Gentiana ciliata) (Taf. 6, Fig. 7) und eine Menge von Korbblütlern, wie das *Goldhaar* (Aster Linosyris), der *Beifuß* (Artemisia), die beiden *Eberwurz*arten (Carlina vulgaris und acaulis), die blaue *Bergaster* (Aster Amellus) (Taf. 8, Fig. 8).

Die Vegetation der Lößhänge ist ziemlich baumarm, doch siedeln sich verschiedene Sträucher an, die unter Umständen Baumform annehmen können. Zu ihnen gehören der *Wacholder* (Juniperus communis), der *Sauerdorn* (Berberis vulgaris), verschiedene *Rosen*arten, die *Felsenkirsche*

(Prunus Mahaleb), der *Schlehdorn* (Prunus spinosa), das *Pfaffenhütchen* (Evonymus Europaea) und der *Liguster* (Ligustrum vulgare).

Bau und Leistung wesentlicher Arten

Die Lößpflanzen haben sehr verschieden ausgebildete *Wurzelsysteme*. Danach kann man Gruppen aufstellen, die im wesentlichen mit den vorhin betrachteten jahreszeitlich zusammenfallen.

Die Formen der Frühjahrsvegetation wurzeln durchweg viel flacher als die der Sommerflora.

Unter den Frühjahrspflanzen finden wir zwei Typen. Die eine Gruppe wird durch die einjährigen Zwerggewächse vertreten, die mit schwachem, fadendünnem Wurzelwerk in den oberflächennahen Schichten des Lößbodens sitzen. Der andere Typ von Frühlingsblühern zeigt Pflanzen, die im Gegensatz zu den ersten ausdauernd sind und recht ansehnliche unterirdische Teile entwickeln. Diese bestehen entweder aus umgewandelten unterirdischen Stammteilen, wie die Zwiebeln der genannten Liliengewächse oder fleischig angeschwollenen Wurzeln, wie bei den Orchideen, dem Adonisröschen und der Küchenschelle. Alle diese Organe sind Nährstoffspeicher, mit denen die Pflanzen nach dem Höhepunkt ihrer Entwicklung passiv im Boden ihr Leben fristen. Die bereitgehaltenen Speicherstoffe verschaffen ihnen im Frühjahr einen Entwicklungsvorsprung gegenüber den übrigen Gewächsen.

Ganz anders sind die unterirdischen Teile der Sommerpflanzen ausgebildet. Zu ihnen leiten einige Frühlingsblüher wie die Küchenschelle über. Diese besitzen sehr tief in den Boden vordringende Wurzelsysteme, viele von ihnen Pfahlwurzeln. Mit ihrer Hilfe können sie sich noch Wasser verschaffen, wenn schon die obersten Bodenschichten ausgetrocknet sind. Die Herbstblüher sind ähnlich ausgerüstet wie die Sommerpflanzen. Einige Arten, darunter der gefranste Enzian, gleichen mit ihren schwach entwickelten Wurzeln mehr den Frühjahrsblühern.

An den *oberirdischen Teilen* der Lößpflanzen erkennen wir häufig Einrichtungen, die die Transpiration hemmen. Die Frühlingsblüher sind zwar durchweg nicht behaart, fallen aber durch ihre kleinen, oft schmalen Blattflächen auf, die häufig mit einer starken Wachsschicht überzogen sind. Auch hierin macht die Küchenschelle wieder eine Ausnahme. Ihre

---

Tafel 8. *Lößpflanzen.* 1. Große Braunelle (Prunella grandiflora) blau, 2. Kartäuser-Nelke (Dianthus Carthusianorum) rot, 3. Ästige Graslilie (Anthericum ramosum) weiß, 4. Küchenschelle (Anemone Pulsatilla) violett, 5. Schwalbenwurz (Vincetoxicum officinale) weiß, 6. Rauher Alant (Inula hirta) gelb, 7. Gefranster Enzian (Gentiana ciliata) blau, 8. Berg-Aster (Aster Amellus) violett, 9. Hufeisenklee (Hippocrepis comosa) gelb.

Blüten sind an der Außenseite auffallend behaart, ebenso tragen ihre zierlich gefiederten Blätter, die in üppiger Entwicklung den Sommer überdauern, ein Haarkleid. Diese Pflanze stellt somit ein Bindeglied zwischen der Frühjahrs- und der Sommergruppe dar. Viele Sommerblüher des Lößbodens besitzen einen Haarüberzug, der die Transpiration herabsetzt.

Standortsfaktoren

Gegenüber dem festen Fels und den groben Brocken des Schuttes gehört der Löß zu den feinkörnigsten *Böden*, die wir kennen. Er wird daher sehr leicht von dem Winde erfaßt und weite Strecken durch die Luft fortgetragen. Durch solche Verlagerungen des staubsandigen Bodens sind die Lößhänge entstanden, die wir noch weit im Innern der Gebirge finden. Die auffällige Tatsache, daß wir in dem Teil Deutschlands, der während der Eiszeit mit Eis bedeckt war, keinen Löß finden, und daß dieser in den damals eisfreien Teilen sehr häufig auftritt, läßt vermuten, daß er sich während der Eiszeit gebildet hat. Diese Verteilung bedingt eine Entwicklung der Lößvegetation in nur ganz bestimmten Gebieten Deutschlands.
Der Lößboden ist ursprünglich kalkhaltig und sehr reich an Nährstoffen. Wird durch äußere Einflüsse der Kalk herausgelöst und in die Tiefe geführt, dann verwandelt sich die entkalkte Schicht in Lehm. Der Löß hält sich im allgemeinen nur in trockneren Gebieten mit Steppenklima. Vom Wasser wird er leicht verlagert.
Die übrigen Standortsfaktoren verhalten sich ähnlich wie die der Schutthalden. Geeignete Exposition bedingt oft eine starke *Erwärmung* des Bodens und dadurch eine erhöhte Verdunstungskraft der darüber gelagerten Luftschichten. Diese verursacht die *Austrocknung* der oberen Bodenschichten, zu der der Löß sehr stark neigt.

Beziehungen zwischen Pflanzen und Umgebung

Durch seinen Nährstoffreichtum ist der Lößboden in hohem Maße für die Ansiedlung von Pflanzen geeignet. Da er jedoch in der Regel in Gebieten mit geringen Niederschlägen liegt, setzt er durch seine Trockenheit der Entwicklung einer üppigen Vegetation starke Widerstände entgegen. Gelingt es, ihn zu bewässern, dann entsteht aus ihm ein für unsere Kulturen außerordentlich wertvoller Boden. Die natürliche Pflanzengesellschaft der Lößdecke hat dementsprechend ihr eigenartiges Gepräge. Die Trockenheit wirkt baumfeindlich und läßt nur solche Pflanzen aufkommen, die vorteilhafte Einrichtungen besitzen, sie zu überwinden. Entweder weichen die Lößpflanzen der trockenen Sommerzeit ganz aus, indem sie ihre vollständige Entwicklung von der Keimung bis zur Samenreife in dem feuch-

teren Klima des Frühjahrs vollenden, oder ihre wasserabgebenden oberirdischen Teile während des Sommers verschwinden lassen. Andere be-
zwingen die Dürre, indem sie ihre wasseraufnehmenden Organe in die tieferen, auch während der trockenen Jahreszeit noch feuchten Bodenschichten verlegen. Über der Erde schützen sie sich durch ein Haarkleid,
das sich über den kleinen Blattflächen ausbreitet. Die Pflanzengesellschaften der Lößhänge haben viele Züge mit der Steppenvegetation gemeinsam, die sich unter ähnlichen Standortsfaktoren entwickelt. Aus
diesem Grunde bezeichnet man die Genossenschaften des Lößbodens auch
als Steppenheiden.

Die durch die Exposition bedingte Wärme übt einen starken Einfluß auf
die Zusammensetzung der Lößgesellschaften aus. Arten, die in bezug auf
Wärme anspruchsvoll sind, können sich auf den Lößhängen halten, während sie in benachbarten Gebieten, die sich durch ein kälteres Klima auszeichnen, vollständig fehlen.

Die Herkunft der Elemente einer Pflanzengesellschaft

In den Gesellschaften der Lößhänge haben wir Pflanzen kennengelernt,
wie das gelbe Adonisröschen und das Federgras, die man gemeinhin als
selten bezeichnet. Bei der Anwendung des Begriffes Seltenheit müssen
wir jedoch unterscheiden, ob es sich um Pflanzen handelt, die tatsächlich
überall nur in geringer Zahl auftreten, oder ob sie nur bei uns vereinzelt
zu finden sind, aber anderwärts in großen Massen vorkommen. Damit
lenken wir unseren Blick auf die Verbreitungsgebiete der Arten. Wie jede
Pflanzengesellschaft als Gesamtwesen an eine bestimmte Gruppe von
Standortsfaktoren, einen Faktorenkomplex, gebunden ist, so zeigt auch
die einzelne Art eine Vorliebe für einen ganz bestimmten Faktorenkomplex. Sie breitet sich dort am üppigsten und zahlreichsten aus, wo die
äußeren Bedingungen ihren Bedürfnissen am nächsten kommen. Von
diesem Gebiet aus kann sie allerdings noch etwas in Gegenden ausstrahlen,
die in ihren Eigenschaften dem günstigen Wohnsitz ähnlich sind. Darüber
hinaus vermag sie sich aber nicht mehr zu verbreiten, sie hat die Grenzen
ihres Wohngebietes erreicht. Dabei brauchen diese Grenzen nicht immer
durch Standortsfaktoren bestimmt zu werden, die der engeren Lebensbetätigung ungünstig sind. Auch hohe, nicht überwanderbare Gebirge und
ausgedehnte Wasserflächen können das Wohngebiet einengen. Einen durch
irgendwelche Grenzen bestimmten natürlichen Wohnbezirk einer Pflanze
nennt man ihr *Areal* (Taf. 9). Pflanzen mit ähnlichen Lebensbedürf-

Tafel 9. *Areale*. Schwarze Flächen: geschlossene Verbreitungsgebiete, Kreuze und Punkte:
kleinere Einzelvorkommen. Nach Hofmann, Lämmermayr, Troll, Sterner, Christ u. a.

Areale aus den Florengebieten Europas.

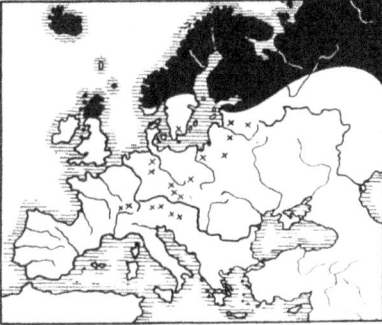

Arktisch: Zwergbirke.

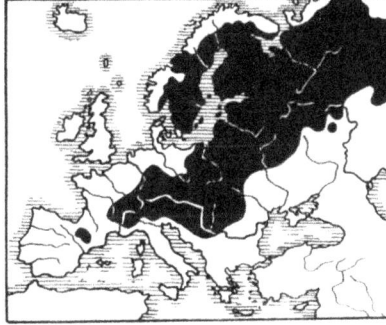

Nordisch: Fichte.

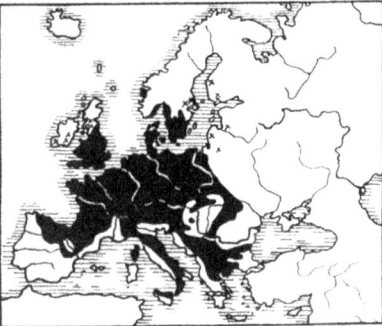

Mitteleuropäisch: Buche.

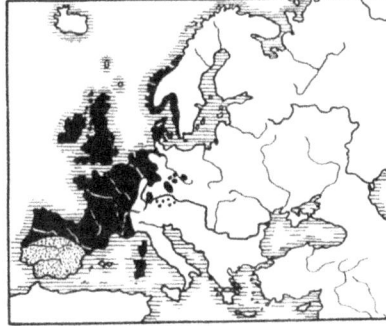

Atlantisch: roter Fingerhut.

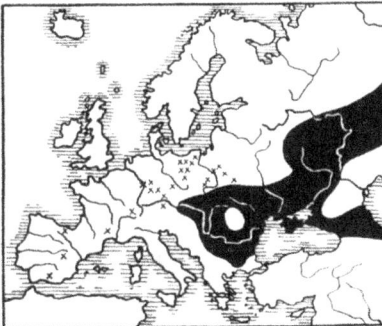

Pontisch: Frühlings-Adonis.

Mediterran: Buchs.

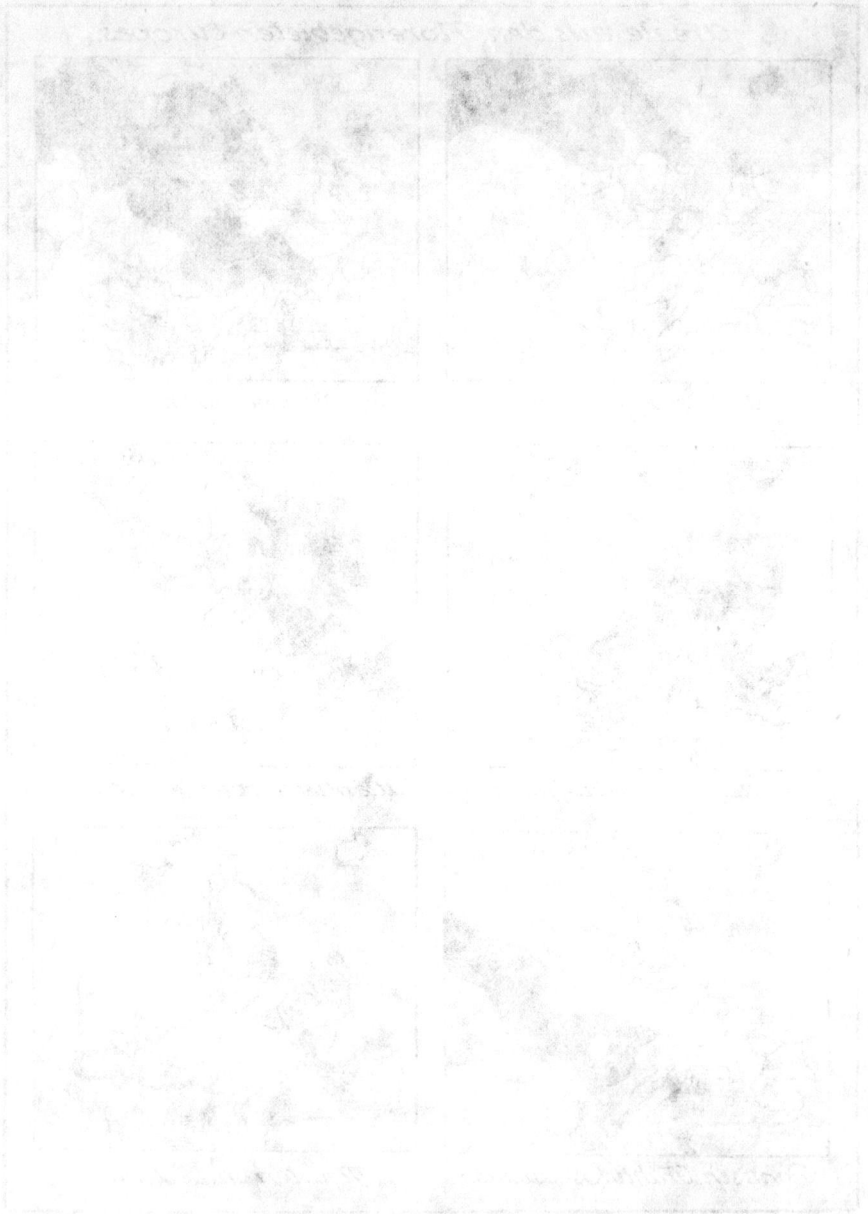

nissen und Fähigkeiten haben dieselben Verbreitungsbezirke, ihre Areale
decken sich ungefähr. Wir werden demnach Gegenden antreffen, deren
Vegetation sich aus ganz bestimmten Arten mit gleichem Areal zusammensetzt. Diese lassen sich von anderen Gebieten mit anderen Pflanzentypen
unterscheiden. Solche in sich geschlossene Bezirke heißen *Florengebiete*
und die für sie charakteristischen Gruppen von Arten *Florenelemente*. In
Europa unterscheidet man 5 Florengebiete (Taf. 9), von denen sich das
mitteleuropäische in 4 Bezirke untergliedert. Die folgende Übersicht gibt
für jedes Florengebiet bezeichnende Arten an.

Die Florengebiete Europas:

arktisch	nordisch	mitteleuropäisch	pontisch	mediterran
Zwergbirke Sonnentau Krähenbeere Rosmarin- heide Rauschbeere	Fichte Borstengras Sumpfherz- blatt Wintergrün Heidelbeere	1. *mitteleurop.-baltisch:* Buche, Aronstab 2. *mittelrussisch:* Stieleiche, Esche 3. *westeur.-atlantisch:* Glockenheide, Fingerhut 4. *westeur.-illyrisch:* Schwarzkiefer	Küchenschelle Frühlings- adonis Sichelmöhre Bergaster Sandstroh- blume	Ragwurz Lorbeer Buchs Märzveilchen Blauer Lat- tich

Außer diesen nebeneinander ausgebreiteten Florengebieten unterscheidet
man in den Gebirgen senkrecht übereinander folgende Florenregionen
oder *Stufen* mit besonderen Florenelementen. Für die Hochgebirgsstufe
ist das Alpen-Stiefmütterchen und der Schweizer Mannsschild (Abb. 1)
typisch. Der Bergstufe gehört die Weißtanne an sowie der Türkenbund, der Geißbart und die Bergflockenblume, die wir als Bestandteile
der Gebirgswälder (S. 32) kennengelernt haben. Außerdem unterscheidet
man noch eine Hügel- und eine Tieflandstufe.

Im Laufe der Zeit kann ein Areal, ja ein ganzes Florengebiet seine Grenzen
verschieben. Es kann sich weiter ausbreiten, wenn die Pflanzen auf Wan-
derwegen oder durch Verschleppung ihrer Samen in Gebiete gelangen, die
ihrer Entwicklung günstig sind. So entstehen die *Vorposten*. Andererseits
kann eine Art ihr Areal zusammenziehen, wenn an den Rändern die Bedingungen für ihr Gedeihen ungünstig werden. Bleibt dabei der eine oder
andere Standort bestehen, so daß sich die Art dort noch auf einem kleinen
Fleck losgelöst vom Hauptareal halten kann, dann nennt man diese ab-
gesplitterten Arealteile *Reliktstandorte*. Wenn eine Verbindung mit dem

verschobenen oder verkleinerten Hauptareal besteht, können die Reliktstandorte über die Verbindungsstraßen aufgefüllt werden.

In Deutschland lassen sich solche Verbindungswege zwischen den pontischen Reliktstandorten der meist sehr niederschlagsarmen Gebiete und
dem nordwestlich um das Schwarze Meer (pontus euxinus) liegenden
pontischen Hauptflorengebiet sehr gut verfolgen (Abb. 17). Am Rhein

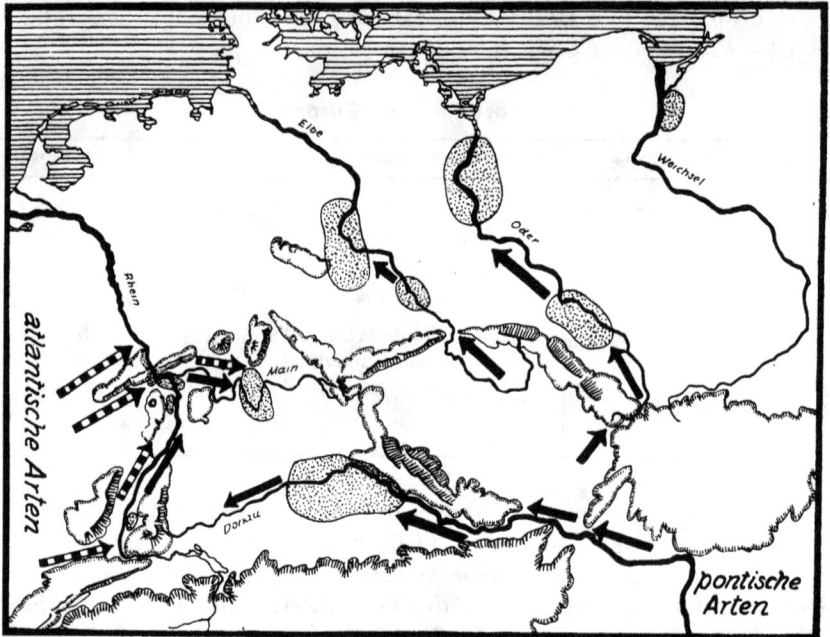

Abb. 17. *Wanderwege aus benachbarten Florengebieten durch Deutschland.* Schwarz-weiße
Pfeile: Wanderstraßen atlantischer Arten, schwarze Pfeile: Wanderstraßen pontischer
Arten, punktierte Flächen: Ausbreitungsgebiete pontischer Arten in Deutschland. Aus
verschiedenen Literatur-Unterlagen zusammengestellt.

und Main mischen sich die pontischen Elemente mit den aus dem Westen
und Süden kommenden mittelmeerisch-atlantischen. Diese Mischung bildet zusammen mit den bodenständigen mitteleuropäisch-baltischen Arten
die reizvolle „Flora" des Gebietes um die Mainmündung.

Die Erhaltung der Mitglieder einer Pflanzengesellschaft ist demnach ökologisch bedingt, ihre Herkunft aber außerdem noch geschichtlich. Manche
Pflanzenarten unserer Lößhänge stammen aus der Steppenzeit, als sich
das pontische Florengebiet über einen großen Teil Deutschlands legte. Sie

vermögen sich heute nur noch in den Pflanzengesellschaften des Lößes zu halten, weil ihnen dort die Standortsfaktoren in ihrer ökologischen Wirkung zusagen.

Übungsarbeiten

A. Am Standort.

1. Stelle eine Pflanzenliste für die Lößgesellschaften auf.
2. Bestimme nach den früher angegebenen Verfahren die Standortsfaktoren der Lößhänge und einer benachbarten Vergleichsformation.

B. Im Zimmer.

Versuche mit Hilfe eines größeren floristischen Werkes (z. B. Hegi) die geographische Herkunft der verschiedenen Arten aus der Pflanzenliste festzustellen.

Die Pflanzengesellschaften der Sandfelder

Zusammensetzung

Öde und vegetationsarm liegen die ausgedehnten Flächen des Flugsandes dem Winde preisgegeben, der mit den losen Sandmassen spielt. Er weht sie zu langgestreckten Dünen auf, die sich quer zu seiner Richtung legen. Bäume und Sträucher fehlen auf solchen Sandfeldern, wie wir sie in der Oberrheinischen Tiefebene häufig antreffen. Niedriger Pflanzenwuchs überzieht den blendend hellen Sandboden. Vielfach lassen die Pflanzen zwischen sich große Lücken offen; an manchen Stellen bilden sie geschlossene Decken. Gerade bei den Pflanzengesellschaften der Sandfelder und Binnlanddünen kann man sehr leicht beobachten, wie eine *offene Formation* in eine *geschlossene* übergeht.

Der Sandboden beherbergt sehr viele Arten, die wir schon als Mitglieder der Lößpflanzengesellschaften kennengelernt haben. Wie dort gliedern sich auch hier die Vegetationsabschnitte nach den Jahreszeiten.

Im Frühjahr fehlen die Zwiebelgewächse; von ausdauernden Arten erscheint an manchen Stellen nur die *Küchenschelle* (Anemone Pulsatilla) (Tafel. 8, Fig. 4) und das *gelbe Adonisröschen* (Adonis vernalis). Dagegen entwickelt sich eine ungeheuer große Gesellschaft von einjährigen, kurzlebigen Zwergpflänzchen. Weite Strecken werden von dem *Hungerblümchen* (Draba verna) (Taf. 10, Fig. 1) überzogen, zu dem sich das *Sand-Hornkraut* (Cerastium semidecandrum) (Taf. 10, Fig. 2) gesellt, die *Spurre*

(Holosteum umbellatum) (Taf. 10, Fig. 3), das *quendelblättrige Sandkraut* (Arenaria serpyllifolia), das *kleinblütige Vergißmeinnicht* (Myosotis micrantha (= arenaria)), der *frühe Ehrenpreis* (Veronica praecox) und von Gräsern das *Zwerggras* (Mibora minima) und die *Dach-Trespe* (Bromus tectorum).

Auch im Sommer erscheinen in großer Anzahl einjährige Pflanzen. Doch werden diese zum größten Teil weit höher als die leicht vergänglichen des Frühjahrs. Zu ihnen gehören die *Sand-Radmelde* (Kochia arenaria), der *Wanzensame* (Coriospermum canescens (= Marschalli)), das *Salzkraut* (Salsola Kali), der *Acker-Spark* (Spergula arvensis), das *Ohrlöffel-Leimkraut* (Silene Otites), die *sprossende Felsennelke* (Tunica prolifera), das *Berg-Steinkraut* (Alyssum montanum subsp. Gmelini) (Taf. 10, Fig. 8), der *scharfe Mauerpfeffer* (Sedum acre), der *Reiherschnabel* (Erodium cicutarium), das *Sonnenröschen* (Helianthemum nummularium) (Taf. 10, Fig. 12), der *Quendel* (Thymus Serpyllum) (Taf. 10, Fig. 7), der *Sandwegerich* (Plantago ramosa (= arenaria)) (Taf. 10, Fig. 5), der *Hügel-Meier* (Asperula cynanchica) und die *Sand-Strohblume* (Helichrysum arenarium) (Taf. 10, Fig. 4). Bezeichnend für diese Gesellschaft sind folgende zwei Gräser: die *meergrüne Kammschmiele* (Koeleria glauca) (Taf. 10, Fig. 9) und das *Silbergras* (Weingaertneria canescens) (Taf. 10, Fig. 11).

Zu diesen einjährigen gesellen sich eine Reihe von mehrjährigen Arten, wie die *Steppen-Wolfsmilch* (Euphorbia Seguieriana (= Gerardiana)) (Taf. 10, Fig. 10), die *Feld-Mannstreu* (Eryngium campestre), der *Berg-Haarstrang* (Peucedanum Oreoselinum), der *Feld-Beifuß* (Artemisia campestris) und die *Sand-Bisamdistel* (Jurinea cyanoides) (Taf. 10, Fig. 6).

Durch die verschiedene Größe dieser Pflanzen entsteht innerhalb der Pflanzengenossenschaft eine gewisse Schichtung. Auch die Bodenschicht fehlt nicht. Sie wird ähnlich wie im Walde in der Hauptsache durch Sporenpflanzen gebildet. Zu den Sandmoosen gehören der *Hornzahn* (Ceratodon purpureus), der *Drehzahn* (Tortula ruralis) und das *Zackenmoos* (Racomitrium canescens). Häufige Flechten sind die *Körnerflechte* (Cornicularia aculeata), die *Geweih-Säulchenflechte* (Cladonia alcicornis) und die

---

Tafel 10. *Sandpflanzen.* 1. Frühlings-Hungerblümchen (Draba verna) weiß. 2. Sand-Hornkraut (Cerastium semidecandrum) weiß. 3. Spurre (Holosteum umbellatum) weiß. 4. Sand-Strohblume (Helichrysum arenarium) gelb. 5. Sand-Wegerich (Plantago ramosa) bräunlich. 6. Sand-Bisamdistel (Jurinea cyanoides) violett. 7. Quendel (Thymus Serpyllum) violett. 8. Berg-Steinkraut (Alyssum montanum) gelb. 9. Kammschmiele (Koeleria glauca) grün. 10. Steppen-Wolfsmilch (Euphorbia Seguieriana) gelbgrün. 11. Silbergras (Weingärtneria canescens) grün. 12. Sonnenröschen (Helianthemum nummularium) gelb.

J.u.H.Heil.

verwandte Cladonia cariosa sowie die *rotbraune Schildflechte* (Peltigera rufescens).

Bau und Leistung wesentlicher Arten

Die Pflanzen der Sandgenossenschaften besitzen viele gemeinsame Merkmale. Die *Laubblätter* sind als Transpirationsorgane verhältnismäßig klein ausgebildet, ihre Fläche oft in feine Zipfel zerteilt. Die Nelkengewächse haben auffallende Wachsüberzüge, die die Wasserabgabe herabsetzen. Einen wirksamen Schutz gegen die ungehinderte Transpiration bilden die Haare. Diese sind schlauchförmig ausgewachsene Epidermiszellen, die sich durch nachträglich angelegte Querwände zu einer Zellreihe gliedern können. Bleiben die Haarzellen lebendig, so tragen sie zur Vergrößerung der wasserabgebenden Oberfläche bei, da auch durch die Kutikula der Oberhautzellen stets etwas Wasser entweicht, wenngleich die Spaltöffnungen den Hauptanteil der Transpiration besorgen. Solche lebenden, oberflächenvergrößernden Haare kommen bei manchen Schattenpflanzen vor. Die Sandpflanzen hüllen ihren Körper als Sonnenpflanzen oft in einen dichten Filz abgestorbener Haare ein, wie z. B. die Sand-Strohblume (Helichrysum arenarium) (Taf. 10, Fig. 4 und Taf. 11). Die Gräser besitzen einen anderen wirksamen Verdunstungsschutz darin, daß sie ihre bandförmigen Blätter zu dünnen Röhren zusammenrollen können. Dabei bildet die mit den Spaltöffnungen besetzte Blattunterseite das Innere der Röhre, so daß die Außenluft nicht unmittelbar an den transpirierenden Teil der Blattfläche heran kann.

Die *Wurzeln* unterscheiden sich in den verschiedenen Formengruppen dieses Pflanzenvereines nach den Untersuchungen von Volk durch ihre Länge und die Eigenart ihrer Ausgestaltung. Während die Wurzeln der kurzlebigen Frühlingsformen eine Länge bis etwa 20 cm erreichen, dringen die einjährigen Sommerpflanzen ungefähr 50 cm tief in den Boden; selten sind ihre Wurzeln kürzer als 20 cm. Im Gegensatz zu diesen Gruppen bilden die ausdauernden Pflanzen der Sandfelder Wurzelsysteme von über 60 cm Länge aus. Die Hauptwurzel solcher Arten besitzt in ihrem obersten Teil keine Seitenwurzeln. Diese erscheinen zwischen 8 und 30 cm Tiefe sehr zahlreich. Unterhalb 30 cm dringen einige kaum verzweigte, seitenwurzellose Wurzeln in die tieferen Schichten des Bodens. Manche Arten besitzen hingegen nur eine einzige lange Pfahlwurzel. Eine vollständig andere Art der Bewurzelung weisen die dickblättrigen Pflanzen wie z. B. der Mauerpfeffer auf. Ihre Wurzeln graben sich kaum in den Boden ein, sie sind sehr kurz, meistens noch viel kürzer als die der winzigen Frühjahrspflänzchen.

Die verschiedenen Gruppen der Sandpflanzen unterscheiden sich weiterhin durch bestimmte physiologische Eigenschaften.

In den ausgewachsenen, lebenden Zellen der Pflanzen umgibt das Protoplasma gleich einem Schlauch den Saftraum. Dieser besteht aus einer Höhlung, die mit Zellsaft, einer wässerigen Lösung von Zucker, Salzen und Säuren, angefüllt ist. Je nach der Menge der gelösten Stoffe kann der Zellsaft verschiedene Konzentrationen besitzen. Durch osmotische Vorgänge ist eine solche hinter einer durchlässigen Haut befindliche Lösung bestrebt, mit einer anders konzentrierten Lösung, die sich außerhalb der Haut befindet, durch Austausch ins Gleichgewicht zu kommen. Beide Lösungen nehmen mit der Zeit dieselbe Konzentration an. Bedingt die Haut aber durch ihre Struktur, daß nicht die gelösten Stoffe, sondern nur die Lösungsmittel hindurch können, dann versucht sich das Gleichgewicht derart einzustellen, daß das Lösungsmittel der schwachkonzentrierten Lösung so lange in die starkkonzentrierte hinüberwandert, bis beide Lösungen gleich sind. Eine solche Haut bezeichnet man als halbdurchlässig (semipermeabel): ein Beispiel dafür ist die Wand des Protoplasmaschlauches, der der vollständig durchlässigen Zellwand wie die Tapete einer Mauer anliegt. Für die pflanzliche Wurzel haben diese Vorgänge bei der Wasseraufnahme aus dem Boden die größte Bedeutung. Je größer die *Zellsaftkonzentration* ist, desto stärker ist auch die *Saugkraft* des Zellinhaltes, mit deren Hilfe er seiner Umgebung Wasser entreißt. Bei den Sandpflanzen konnte Volk nachweisen, daß die Formen der verschiedenen Gruppen sich in ihrer Zellsaftkonzentration wesentlich unterscheiden. Am höchsten konzentriert ist der Zellsaft der ausdauernden Tiefenwurzler, etwas niedrigere Werte weisen die einjährigen Sommerblüher auf, während die hinfälligen Frühjahrspflänzchen verhältnismäßig schwache Zellsaftkonzentration besitzen. Auffallend niedrig sind die Werte bei den dickblätterigen Mauerpfefferarten.

Standortsfaktoren

Der *Sandboden* bestimmt als ausschlaggebender Faktor sowohl die Zusammensetzung und Ausbildung seiner Pflanzengesellschaften als auch einen großen Teil der mikroklimatischen Faktoren des Standortes. Das aus ungefähr gleich großen Körnern bestehende Quarzmehl bedeckt als Flugsand weite Flächen in mächtigen Schichten. Es enthält wenig Nähr-

Tafel 11. *Querschnitt durch die rechte Hälfte eines Blattes der Sand-Strohblume.* Vergrößerung 70fach. *o. O.* obere Oberhaut, *u. O.* untere Oberhaut, *sp* Spaltöffnung. *h* Filzhaar, *dr* Drüsenhaar, *l* Leitbündel.

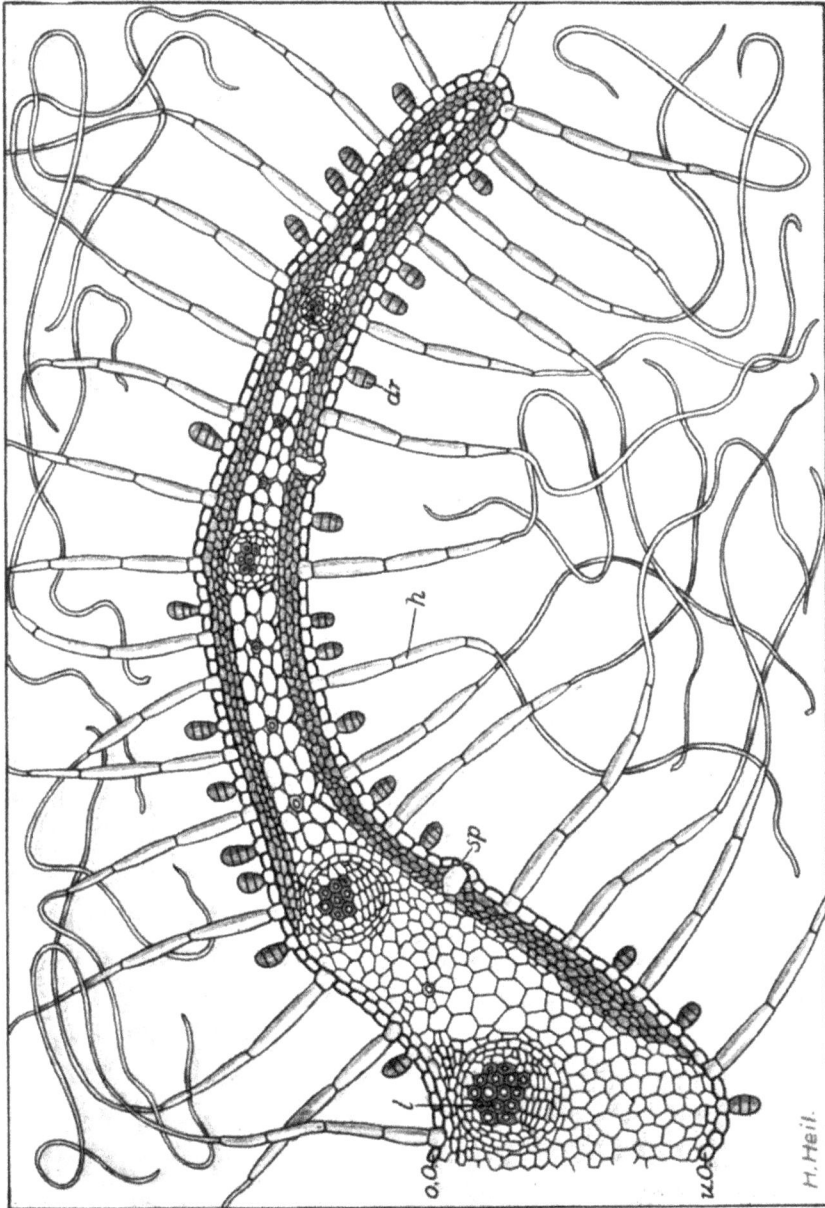

stoffe, und die Salzmengen, die bei der Zersetzung der dürftigen Vegetation entstehen, werden zum großen Teil vom einsickernden Regenwasser mit in die Tiefe genommen. Der einzige Bestandteil, der dem Sande in reicherem Maße beigemengt sein kann, ist das kohlensaure Kalzium. Manchmal enthält er auch geringe Mengen von kohlensaurem Eisen. Aber auch dieses Kalziumkarbonat wird von dem Regenwasser, das aus der Luft und aus dem Boden Kohlendioxyd aufnimmt, in wasserlösliches Kalziumbikarbonat umgewandelt und mit in die Tiefe genommen. Dort kann es sich wieder als kohlensaurer Kalk in wasserundurchlässigen Schichten, den sogenannten Brandletten, absetzen, die gewöhnlich durch ausgeschiedenes Eisen gebräunt sind. Somit können wir zwischen kalkhaltigen und kalklosen Sanden unterscheiden.

Der Sand hat die Eigenschaft, sehr leicht auszutrocknen. Doch wird diese Fähigkeit allzuleicht überschätzt, da in nicht zu geringer Tiefe immer noch etwas Wasser zurückbleibt. In jeder Jahreszeit kann es vorkommen, daß der Boden bis zu 3 cm Tiefe staubtrocken wird. Von Mai bis September vermag die Trockenheit bis zu etwa 10 cm unter die Bodenoberfläche hinab vorzudringen. Unterhalb 20 cm sinkt der Wassergehalt in unserem Klima nie unter 1%.

Der trockene, meist blendend helle Sand wirft die Himmelsstrahlung in starkem Maße zurück, so daß über den Sandfeldern eine hohe *Verdunstungskraft* herrscht. Diese wird durch den fast ständig über die Flächen streichenden Wind noch weiter gesteigert.

Wie alle trockenen Böden nimmt der Sand die *Wärme* sehr schnell auf, gibt sie aber ebenso rasch wieder ab. In den obersten Schichten treten hierdurch zwischen Tag und Nacht die krassesten Temperaturunterschiede auf.

Zu diesen mikroklimatischen Eigentümlichkeiten kommt noch ein Umstand makroklimatischer Natur hinzu. Die Sandfelder, wie z. B. die der Oberrheinischen Tiefebene liegen zum größten Teil in *Trockengebieten* (s. Taf. 3), so daß ihnen wenig atmosphärisches Wasser zur Verfügung steht.

Wir können demzufolge den Sand als einen Standort ansehen, der durch Nährstoffarmut und Trockenheit sowie durch starken Temperaturwechsel des Bodens und der durch ihn beeinflußten bodennahen Luftschichten gekennzeichnet ist.

Beziehungen zwischen Pflanzen und Umgebung

Der *Nährstoffarmut* und der *Trockenheit* des Standortes stehen die besonderen Einrichtungen der Sandpflanzen gegenüber. Vielfach sind es kleine

Gewächse, die keine großen Mengen von Nährstoffen zum Aufbau ihres Körpers nötig haben. Die Transpirationsmöglichkeiten sind herabgesetzt durch die Verkleinerung der Blattflächen und durch Wachs- und Haarüberzüge. Der Mangel an Bodenfeuchtigkeit wird bei den Mehrjährigen durch tiefgründende Wurzeln und starke Saugkraft des Zellsaftes überwunden. In den tieferen Bodenschichten sinkt die Feuchtigkeit nicht unter 1%; das ist die Grenze für die Lebensmöglichkeit der Pflanzen. Die Einjährigen hingegen beschränken ihre Vegetationszeit auf die Dauer der Frühjahrsfeuchtigkeit. Die Kleinsten unter ihnen müssen früh abschließen, denn bald trocknet der Boden von der Oberfläche her nach der Tiefe aus, und ihre kurzen Würzelchen liegen in wasserlosem Staub. Die Größeren haben noch etwas Zeit bis in den frühen Sommer, aber dann reichen auch ihre Wurzeln nicht mehr in die feuchte Schicht. Nur die dickblättrigen Sukkulenten sind nicht abhängig von dem Wechsel der Feuchtigkeit. Sie graben sich nicht tief in den Boden, denn ihnen steht ja immer ihr eigener Wasservorrat aus den Blättern zur Verfügung, den sie bei Gelegenheit durch Tau und Regen rasch und ausgiebig ergänzen.

Bei der Dürftigkeit der Sandvegetation läßt sich nicht erwarten, daß diese rückwirkend ihren Standort so schnell und tiefgreifend umgestaltet, wie etwa die üppige Gesellschaft der Gebirgswälder. In hartem und zähem Kampfe gelingt es ihr aber mitunter doch, ihre Umgebung zu verändern. Die durch die Pflanzenwurzeln ausgeschiedene Kohlensäure trägt zur Bikarbonatbildung und damit zur *Entkalkung* des von den Wurzeln durchzogenen Bodens bei. Die dichten Decken der Moose halten *Feuchtigkeit* zurück und geben dadurch den höheren Pflanzen Gelegenheit zur müheloseren Besiedlung. Daher weisen gerade die moosigen Stellen die dichteste Vegetation auf. Die Reste der abgestorbenen Pflanzen verwandeln sich in *Humus*, der sich den oberen Schichten des Sandes beimischt und allmählich dem Standort und dessen Pflanzengesellschaften ein anderes Gepräge verleiht.

Der Boden als Standortsfaktor

Der Bodenkundler versteht unter Boden „die obere Verwitterungsschicht der festen Erdrinde" (Ramann). Da aber auch der feste Fels und das Wasser von Pflanzen besiedelt werden, erweitert der Ökologe den Begriff und versteht unter Boden denjenigen Teil der Erdoberfläche, der imstande ist, Pflanzen zu tragen.

Der Boden hat für die Pflanze dreierlei Bedeutung. Auf Grund seiner Struktur dient er ihr als Aufnahmeort für die Wurzeln, mit denen sie sich in ihm verankert. Er enthält das für ihren Haushalt so wichtige Betriebswasser. Aufbau und Wasserführung gehören zu den *physikalischen Eigenschaften* des Bodens. Er greift aber auch unmittelbar in den Haushalt der Pflanze ein, dadurch, daß er ihr die meisten zur Körperbildung notwendigen Nährstoffe liefert. Somit sind auch die *chemischen Eigenschaften* des Bodens für einen Standort wesentlich. Endlich werden wir erfahren, daß die höheren Pflanzen auch auf gewisse *biologische Eigenschaften* des Bodens angewiesen sind.

a) *Physikalische Bodeneigenschaften.*

Der Boden besteht gewöhnlich aus festen Teilchen, die mehr oder minder locker aufeinander liegen und zwischen sich Hohlräume lassen. Die festen Teilchen nennt man *Bodenkörner*, die Hohlräume *Bodenporen*. Könnte man die Bodenkörner vollständig lückenlos aneinander legen, so nähme dieser porenlose Boden einen kleineren Raum ein als vorher. Die Raumvergrößerung durch die Bodenporen, das gesamte *Porenvolumen*, beträgt im allgemeinen 25 bis 50% von dem Raum, den der ungestört liegende Boden einnimmt. Es ist abhängig von der Größe und der Gestalt der Bodenkörner und von deren gegenseitiger Lagerung. Größere Körner liegen einzeln als Trümmer der verwitterten Steine. Sie bilden das *Bodenskelett*. Die kleinsten Einzelbestandteile verkleben sich zu größeren *Klümpchen*, den *Krümeln*. Bei gewissen physikalischen Veränderungen, wie Auswaschung der löslichen Salze, aber auch bei übermäßiger Salzzufuhr durch künstliche Düngung fallen die Krümel wieder zu Einzelteilchen auseinander. Die Bodenstruktur verändert sich, die Krümelstruktur geht in die Einzelkornstruktur über. Dadurch verdichtet sich der vorher lockere Boden.

Je nach der Größe der Bodenkörner führen die Böden verschiedene Bezeichnungen.

Bezeichnung des Bodens:	Durchmesser der Einzelteilchen:		
Rohton	unter	0,002	mm
Schluff	0,002 bis	0,02	,,
Feinsand	0,02 ,,	0,2	,,
Grobsand	0,2 ,,	2	,,
Kies	2 ,,	5	,,
Steine	über	5	,,

Die Bodenporen führen Luft, die *Bodenluft*, und Wasser, das *Bodenwasser*. Dieses bezeichnet man aber besser als Bodenlösung, da in ihm stets Bodensalze enthalten sind. Die Bodenlösung überzieht im allgemeinen die

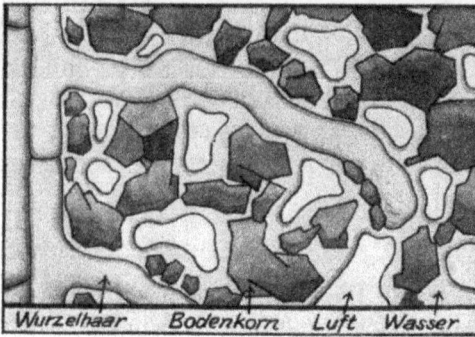

Abb. 18. *Wurzelhaare im Boden.* Nach J. Sachs
verändert.

Außenflächen der Bodenkörner und läßt im Innern der Poren noch Raum für die Bodenluft (Abb. 18).

Die Art des Bodengefüges und das gegenseitige Mengenverhältnis von festen, flüssigen und gasförmigen Anteilen ist für die pflanzliche Besiedlung von ausschlaggebender Bedeutung. Die Pflanzen werden fast jedem natürlich vorkommenden Mengenverhältnis gerecht. Überall entwikkeln sie Gesellschaften, deren Mitglieder über die für die Verhältnisse erforderlichen Einrichtungen verfügen. Die folgende Übersicht möge diese Zusammenhänge in ihren Grundzügen klarlegen.

Pflanzengesellschaften	Fester Boden	Bodenluft	Bodenlösung
Felsengesellschaften	vorherrschend	sehr gering	sehr gering
Trockenpflanzengesellschaften . .	vorhanden	vorhanden	gering
Gesellschaft. mäßig feuchter Böden	vorhanden	vorhanden	vorhanden
Sumpfpflanzengesellschaften . . .	vorhanden	gering	vorhanden
Schwimmpflanzengesellschaften .	fehlt	sehr gering	vorherrschend

Die Mehrzahl der Pflanzen, zu denen auch die meisten Kulturpflanzen gehören, bevorzugt einen lockeren Boden mit mehr als 1% Feuchtigkeit und einer Luftführung von etwa 20%. Böden mit einem Luftvorrat von weniger als 6% sind selbst für die in dieser Beziehung anspruchslosen Riedgräser nicht mehr geeignet und müssen für landwirtschaftliche Zwecke besonders zubereitet, dräniert, werden.

Die *Wasserkapazität,* d. h. das Wasserfassungsvermögen eines Bodens hängt unmittelbar von der Beschaffenheit der Bodenporen, also mittelbar von der Körnerausbildung ab. Je kleiner beide sind, desto besser vermag die Bodenlösung kapillar aufgesaugt und festgehalten zu werden. Desto größer ist aber auch die innere Gesamtoberfläche der festen Bodenteilchen, die sich mit Lösung überziehen kann. Diese Abhängigkeit kommt durch die folgenden, von Mitscherlich angegebenen Werte zum Ausdruck.

Bodenart	Wasserkapazität Vol.-%	Bodenoberfläche von 100 cm³ in cm²
Sandboden	33	2300
Sandiger Lehmboden	34	4000
Strenger Tonboden .	69	16109
Moorboden	72	23400

Auch die Beziehungen des Bodens zur *Wärme* sind von großer Bedeutung für den Haushalt der Pflanze. Man unterscheidet warme und kalte Böden.

Dunkle Böden, wie Humus und Schiefer setzen die *Sonnenstrahlung* stärker in Wärme um als helle. Die blendenden Kalk- und Sandböden werfen einen großen Teil der Strahlung wieder zurück, so daß die über ihnen befindlichen Teile der Vegetation mehr Licht und Wärme genießen als über dunklen Oberflächen.

Die Wärmeführung des Bodens hängt weiter davon ab, welche Wärmemenge verbraucht wird, um den Wärmezustand, d. h. die Temperatur, von einem Kubikzentimeter seiner Masse um 1^0 C zu erhöhen. Diese für jeden Stoff bestimmte Wärmemenge nennt man seine *spezifische Wärme*. Ist die spezifische Wärme einer Bodenart gering, dann wird sich der Boden wärmer anfühlen, als ein anderer mit höherer spezifischer Wärme, der dieselbe Wärmemenge aufgenommen hat. Folgende Zahlen geben die spezifische Wärme verschiedener Arten von Bodenkörnern an.

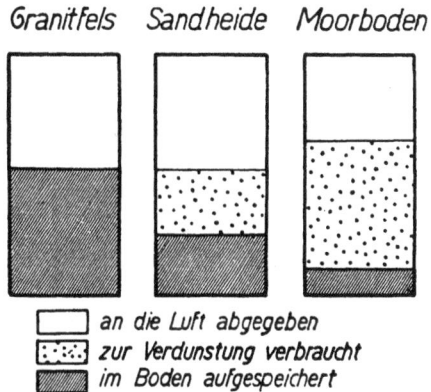

Abb. 19. *Verwendung der Sonnenwärme durch verschiedene Bodenarten.* Nach Th. Homéns aus Geiger.

Tertiärer Quarzsand . . . . 0,128 bis 0,272
Kalksand mit kohlensaurem Kalk . . 0,188 ,, 0,214
Ton . . . . 0,161 ,, 0,233
Torf (Humus) . . . . 0,301 ,, 0,507

In einem natürlich gelagerten Boden werden diese Verhältnisse dadurch verwickelter, daß außer der spezifischen Wärme der Körner auch die der

Bodenlösung und der Bodenluft berücksichtigt werden muß. Außerdem wird ein Teil der Sonnenwärme zur Verdunstung des Bodenwassers verbraucht (Abb. 19).

Die *Wärmeleitfähigkeit* der verschiedenen Bodenarten ist zwar sehr gering, aber doch recht unterschiedlich. Auch bei ihrer Betrachtung müssen wir berücksichtigen, daß der Boden ein System von mannigfaltigen Stoffen darstellt. Es folgen einige Werte, die angeben, welche Wärmemengen in kleinen Kalorien während einer Sekunde durch einen Kubikzentimeter des betreffenden Stoffes bei 1^0 C Temperaturunterschied geleitet werden.

Luft	0,00006
Wasser	0,0014
Kreide	0,0020
Schiefer	0,0030
Quarz	0,0042
Kalkstein	0,0050.

Die Zahlen besagen, daß ein trockener Boden die Wärme schlechter leitet als ein nasser, daß der Kalkboden sie besser weitergibt als ein Schieferboden und daß ein lockerer Boden mit großem Porenvolumen durch die eingeschlossene Luft ein viel schlechterer Wärmeleiter ist als der dicht gefügte Fels. Bei vorübergehender Bestrahlung der Bodenoberfläche versorgt derjenige Boden die Pflanzenwurzeln oder das auf ihm liegende Pflanzenpolster am besten mit Wärme, der die größte Leitfähigkeit aufweist. Ein Nachteil für die Vegetation besteht bei solchen Böden darin, daß sie die Wärme sehr schnell wieder abgeben.

b) *Chemische Bodeneigenschaften.*

Die wichtigsten chemischen Elemente, aus denen sich der Pflanzenkörper aufbaut, sind Kalium, Natrium, Kalzium, Magnesium, Eisen, Phosphor, Schwefel, Sauerstoff, Chlor, Silizium, Kohlenstoff, Stickstoff und Wasserstoff.

Die Pflanze nimmt als Betriebsmaterial das Kohlendioxyd und den Sauerstoff und in vereinzelten Fällen den elementaren Stickstoff aus der Luft. Wasserstoff und auch Sauerstoff stehen ihr in dem Wasser zur Verfügung. Alle anderen Stoffe muß sie dem Boden entziehen. Die Pflanze findet dort chemische Verbindungen vor, die sie nur dann aufnehmen kann, wenn sie wasserlöslich sind.

Kalium ist in dem Kalifeldspat, dem Orthoklas, enthalten, der durch Wasser und Kohlendioxyd der Luft zu wasserlöslichen Verbindungen umgesetzt wird.

60

In ähnlicher Weise wird das *Natrium* des Natronfeldspates für die Pflanze aufnahmefähig. Außerdem steht es aus dem Meerwasser und dessen Rückständen als wasserlösliches Natriumchlorid zur Verfügung.

Das für den Lebenshaushalt bestimmter Pflanzen so wichtige *Kalzium* ist im kohlensauren Kalk vieler Böden enthalten. Andere ergiebige Kalkquellen sind die basischen Erstarrungsgesteine Diorit, Gabbro, Basalt, Melaphyr und Diabas. Diese vulkanischen Gesteine enthalten unlöslichen Kalknatronfeldspat. Das Kalzium kann in dieser Verbindung aber leicht gegen andere Basen ausgetauscht und dadurch befreit werden. Deshalb spricht man von dem *Austauschkalzium* solcher Böden. Kommt z. B. der Kalknatronfeldspat mit kohlensaurem Ammonium zusammen, dann tritt das Ammonium an Stelle des Kalziums und dieses bindet sich zu kohlensaurem Kalk. Diese wasserunlösliche und daher für die Pflanze nicht direkt aufnehmbare Verbindung setzt sich mit der im Boden reichlich vorhandenen Kohlensäure zu wasserlöslichem doppelkohlensaurem Kalke um.

Das *Magnesium* kommt in verschiedenen Silikaten und als Karbonat im Dolomit vor. Seine wasserlöslichen Verbindungen entstehen in ähnlicher Weise wie bei dem Kalzium.

Auch das Bikarbonat des *Eisens* ist wasserlöslich. Dieses Element kommt in verschiedenen Verbindungen im Boden vor; eine davon ist der Brauneisenstein.

Der *Phosphor* wird mit dem wasserlöslichen primären Phosphat (Superphosphat) aufgenommen. Eine Hauptphosphorquelle des Bodens ist ein fluorhaltiger phosphorsaurer Kalk, der als Mineral den Namen **Apatit** führt.

Der *Schwefel* ist mit den wasserlöslichen schwefelsauren Salzen aufnehmbar.

Das *Chlor* stammt unmittelbar oder mittelbar aus den im Meerwasser gelösten Chloriden.

Die *Kieselsäure* steht den Pflanzen in den Silikaten zur Verfügung.

Der *Stickstoff* hat für die Pflanze sehr große Bedeutung, denn er ist in den komplizierten Eiweißverbindungen des Protoplasmas enthalten. Da die meisten Pflanzen außer einigen Bakterien und Schimmelpilzen nicht in der Lage sind, den elementaren Stickstoff der Luft zu verarbeiten, müssen sie ihren Stickstoffbedarf aus dem Boden decken. Die Mineralien, die die Gesteine und somit auch deren Verwitterungsprodukte bilden, enthalten aber fast durchweg keinen Stickstoff. Die im Boden vorhandenen stickstoffhaltigen Salze entstehen in der Hauptsache durch die Vermittlung der wenigen Pflanzenarten, die den elementaren Stickstoff der

Luft binden und damit dem Boden zuzuführen vermögen. Die an der Stickstoffbindung und -umsetzung beteiligten Lebewesen des Bodens sind so unauffällig klein und so eng mit ihm verbunden, daß man sie als einen Bestandteil desselben ansehen kann. Hiernach wäre noch die dritte Gruppe der Bodeneigenschaften zu betrachten.

c) *Biologische Eigenschaften.*

Der Boden ist nicht, wie man früher annahm, ein lebloses Gebilde, in dem allein die anorganischen Verbindungen für den Lebenshaushalt der höheren Pflanzen die Hauptrolle spielen. Er beherbergt in sich eine ihm eigene, für das bloße Auge unsichtbare Lebewelt, die ständig in ihm schafft, ihn dauernd verändert und ihn erst für die Entwicklung der höheren Pflanzen gar macht. Man spricht geradezu von der *Bodengare*, die durch den Eingriff der *Bodenorganismen* hervorgerufen wird.

Die *Bindung des Luftstickstoffes* besorgen vorwiegend einige Bakterienarten. Der über die ganze Erde verbreitete Azotobakter scheint dabei die größte Rolle zu spielen. Man fand, daß die Menge des gebundenen Stickstoffes in einem Boden von der Menge des darin vorkommenden Bakteriums abhängt. Da Azotobakter stark sauerstoffbedürftig ist, nimmt er nach der Tiefe zu ab. Ebenso tritt er in schlecht durchlüfteten Böden stark zurück. Seine Empfindlichkeit gegen freie Säuren läßt ihn in saurem Boden nicht aufkommen. Unterhalb $+ 7^0$ C stellt er die Stickstoffassimilation ein. Seine übrige Nahrung entnimmt er organischen Stoffen des Bodens. Dieser muß also für Stickstoffgewinnung durch Azotobakter ganz bestimmte Voraussetzungen haben, deren Kenntnis für den Pflanzenzüchter von großer Wichtigkeit ist.

Eine andere Gruppe von stickstoffbindenden Bakterien liefert den eingefangenen Luftstickstoff nicht erst an den Boden, sondern unmittelbar an die bedürftigen höheren Pflanzen. Zwischen diesen und den Stickstoffbindern besteht eine enge Lebensgemeinschaft, wobei der Lieferant in dem Gewebe des Abnehmers wohnt. In den Wurzelzellen vieler Schmetterlingsblütler lebt Bacillus radicicola. Diese Symbiose findet ihren äußeren Ausdruck darin, daß das mit Bakterien angefüllte Wurzelgewebe zu wahrnehmbaren Knoten anschwillt.

Außer der Bindung des Luftstickstoffes geht im Boden ebenfalls durch die Tätigkeit von Kleinlebewesen eine *Umsetzung der Stickstoffverbindungen* vor sich.

Fäulnisbakterien, wie Bacterium termo, bauen die Eiweißstoffe der Pflanzen- und Tierleichen ab. Andere Formen machen aus den Resten Ammoniak frei, ähnlich wie es Urobacillus Pasteur aus Harnstoff vermag.

Die *Nitritbakterien*, zu denen Nitrosomonas gehört, oxydieren dieses Ammoniak zu salpetriger Säure und benützen die dabei frei gewordene Energie in derselben Weise wie die grünen Pflanzen die Lichtenergie. Mit ihrer Hilfe können sie im Dunklen aus CO_2 organische Substanzen aufbauen.

Die *Nitratbakterien*, wie Nitrobakter, oxydieren die salpetrige Säure weiter zu Salpetersäure, deren Salze, die Nitrate, die wichtigsten Stickstoffquellen für die höheren Pflanzen darstellen.

Diesen Vorgängen der Nitrifikation steht die Denitrifizierung gegenüber. Auch hierbei sind kleine Lebewesen am Werk, wie Bacillus denitrificans und Pseudomonas fluorescens, die besonders in wasserdurchtränkten Böden, aber auch in Düngerlagern die Nitrate zu Nitriten, also Salzen der salpetrigen Säure, und diese zu Ammoniak reduzieren.

Außer den Stickstoffverbindungen werden dem Boden durch die abgestorbenen Tier- und Pflanzenkörper noch andere Stoffe zugeführt. Dazu gehören solche, die die pflanzlichen Zellwände aufbauen. Aus ihnen entsteht allmählich eine dunkelbraun gefärbte, leicht zerfallende Masse, der *Humus*. Die Humusbildung ist in ihren Einzelheiten äußerst verwickelt und noch nicht endgültig geklärt. Im wesentlichen handelt es sich dabei um weitgehende Ausscheidung des chemisch gebundenen Wassers aus den organischen Stoffen, so daß der Kohlenstoff mengenmäßig immer mehr überwiegt. So entsteht allmählich die Humuskohle, neben der sich verschiedenartige Huminsäuren bilden. Auch an den Vorgängen der Humusentstehung sind Kleinlebewesen beteiligt.

Auf die Zusammensetzung der *Bodenluft* haben ebenfalls die Lebewesen großen Einfluß. Die ungeheure Menge der den Boden durchziehenden Wurzeln scheidet bei ihrer Atmung Kohlendioxyd aus, das sich zunächst in den Bodenporen hält. Die im Boden lebenden Bakterien übertreffen dabei noch als Kohlensäureerzeuger die Wurzeln der höheren Pflanzen. Die Bodenluft zeichnet sich daher durch einen erstaunlich hohen Gehalt an Kohlendioxyd aus, das bei der Zersetzung der Silikate neben dem Wasser die Hauptrolle spielt. Weiter wird es zur Bildung der Bikarbonate verbraucht.

Gerade diese Betrachtung über den Boden im weiteren Sinne zeigt deutlich, wie in der Natur der belebte Teil mit dem unbelebten zusammen erst eine Ganzheit bildet.

Die Bodenkarte

Wirken auf einen Untergrund verschiedenartige physikalische, chemische und biologische Einflüsse, so entstehen je nach der Art des Untergrundes verschiedene Böden. Trägt man die Grenzen zwischen den unterschiedlichen, nebeneinanderliegenden Bodendecken in eine Karte ein, so erhält man eine Bodenkarte. Diese unterscheidet sich von der geologischen Karte dadurch, daß sie nicht die oft in die größten unbelebten Tiefen hinabreichenden Gesteinsmassen als geschichtliche Glieder aus den einzelnen Zeitstufen der Erdbildung darstellt, sondern nur auf die Beschaffenheit der für die Vegetation so bedeutungsvollen obersten Schichten, also des Bodens, Rücksicht nimmt. Dadurch wird sie zum notwendigen Hilfsmittel, das sowohl dem Land- und Forstwirtschaftler als auch dem Pflanzenökologen wertvolle Hinweise zu geben vermag. Als Beispiel einer Bodenkarte betrachten wir die von Hessen (Taf. 12), die als Beitrag zu einer Bodenkarte von Europa gedacht ist, an der zur Zeit viele Institute arbeiten.

Die Böden werden nach zwei Gesichtspunkten dargestellt.

Unter der *Bodenart* versteht man die dem bodenbildenden Gestein zugehörigen Eigenschaften. Es kann fest oder locker sein und sich in der Größe seiner Körner unterscheiden. Es kann kalklos oder kalkhaltig sein und das Kalzium als kohlensauren Kalk oder als Austauschkalzium enthalten.

Klimatische und biologische Einflüsse formen an diesen Bodenarten und geben ihnen ein ganz bestimmtes Gepräge. Es entstehen die *Bodenformen*. Gerade auf der Hessischen Karte finden wir verschiedene typische Bodenformen dargestellt.

Die mit gelber und brauner Farbe bezeichneten *Braunerdeböden* sind ihrer Herkunft, also der zugrunde liegenden Bodenart nach, sehr verschieden. Aber allen gemeinsam ist die Fähigkeit, die bei der Verwitterung entstehenden Bodensalze in hohem Maße festzuhalten. Darum sind sie fruchtbare Kulturböden. In Mitteleuropa, wo sie weit verbreitet sind, tragen sie hauptsächlich Laubwald und heißen danach auch braune Waldböden.

Im Gegensatz dazu vermögen die *Podsolböden* (mit grüner Farbe bezeichnet) die Bodensalze nicht festzuhalten. Durch starke Niederschläge werden diese in Tiefen geführt, die den Pflanzenwurzeln nicht mehr zugängig sind. Kalkmangel verhindert die Neutralisation der Humussäuren, die sich aus den den Boden bedeckenden Pflanzenresten bilden. Hierdurch kann sich die Bodenstreu nicht ganz zersetzen, sie bleibt auf der Stufe des sauren Rohhumus stehen. Dieser saure, nährstoffarme, oft mit Wasser durchtränkte Podsolboden läßt nur eine artenarme, eintönige Vegetation

Tafel 12. *Karte der Böden Hessens.* Nach einer Karte der Hessischen Geologischen Landesanstalt.

Bodenkarte von Hessen

nach W. Schottler.

Bodenformen:

- fossiler Laterit
- Schwarzerde (Tschernosem)
- Humuskarbonatböden
- kalkhaltige braune Waldböden
- braune Waldböden
- schwach podsolige Böden
- stark podsolige Böden
- Grundwasserböden
- a Niedermoore b Hochmoore

a b

Bodenarten:

- tonig
- lehmig
- tonig-lehmig
- staub-sandig

- sandig
- fest. Gest. i. Untergr.
- reich an k.-s. Kalk
- reich an Aust. Kalz

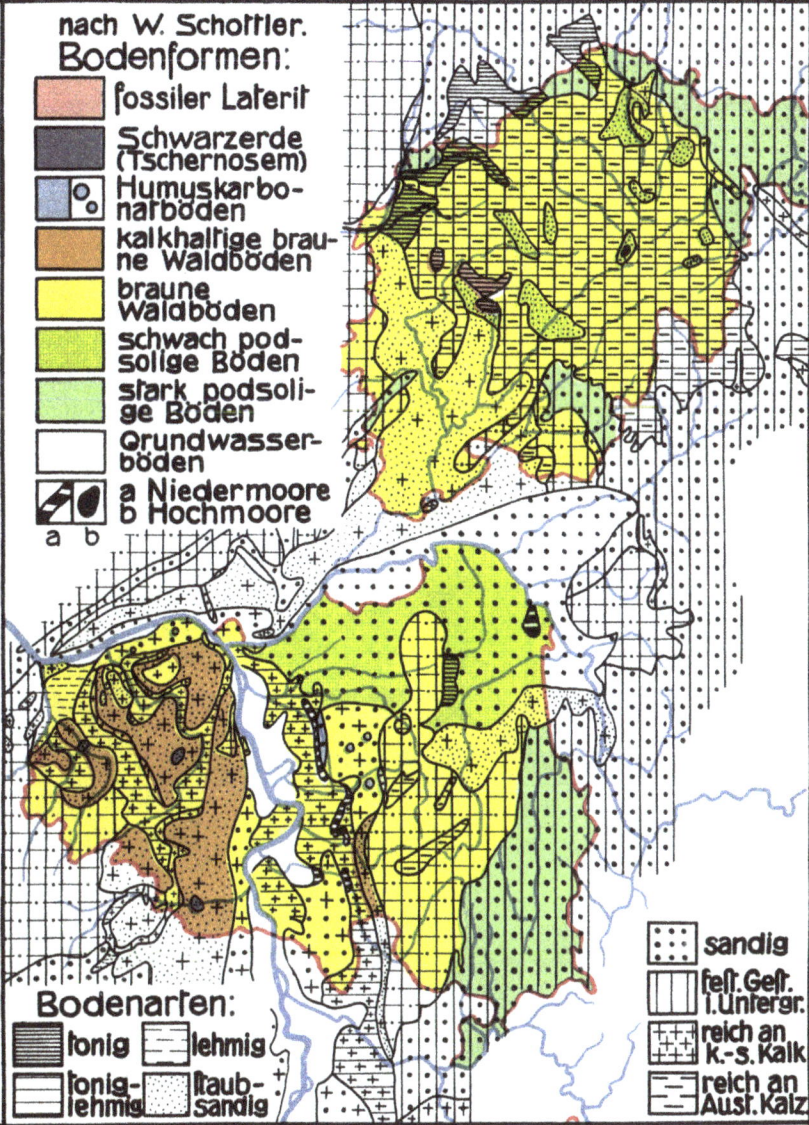

zur Entwicklung kommen, die besonders auf seine Eigenschaften eingestellt sein muß.

Zwischen beiden Bodenformen bestehen Übergänge.

Andererseits werden die Braunerden im Humusgehalt noch von den *Humuskarbonatböden* und besonders von der *Schwarzerde* übertroffen. Diese bildet in Rußland die fruchtbaren Weizenböden und trägt daher auch die russische Bezeichnung Tschernosem.

Die sich den Podsolböden anschließenden *Hochmoorböden* sowie die anders gearteten *Grundwasser-* und *Niedermoorböden* sollen im Zusammenhang mit ihrer Vegetation betrachtet werden. Die quarzfreien und tonerdereichen Lateritböden, die *Roterden* der Tropen, haben für uns keine Bedeutung. Sie enthalten durch die rasche und vollständige Zersetzung der abgestorbenen Pflanzen kaum Humus.

Übungsarbeiten

A. Am Standort.

1. Beobachte die Pflanzengesellschaften des Sandes in verschiedenen Jahreszeiten und fasse in einer Pflanzenliste die zu gleicher Zeit blühenden Arten zu Gruppen zusammen.

2. Lege von häufig vorkommenden Arten die Wurzelsysteme frei und trage a) die größte Wurzellänge in Zentimeter und b) das Längenverhältnis zwischen Wurzel und Sproß in die Gruppenliste ein.

3. Stelle durch Auftropfen von 10 prozentiger Salzsäure fest, ob der Boden kohlensauren Kalk enthält. Die obersten Schichten können entkalkt sein, während die unteren reichlich Kalk führen! Lege eine Liste der Pflanzen an, die auf kalkhaltigem Sande wachsen und solcher die auf kalklosem vorkommen.

4. Untersuche die übrigen Standortsfaktoren.

B. Im Zimmer.

1. Vergleiche den Blatt- und Stengelaufbau von Sandpflanzen an mikroskopischen Präparaten mit dem von Schattenpflanzen.

2. Fülle einige gleichweite Glasröhren von etwa 4 cm Durchmesser und 1 m Länge mit verschiedenen Bodenarten (feiner Kies, Sand, Walderde, Ton) und binde über das eine Ende ein Stückchen Mull. Hänge die Röhren mit dem zugebundenen Ende in eine Wanne mit Wasser und beobachte die Steighöhen und die Steigzeiten des Wassers in den Röhren. Was läßt sich aus dem Ergebnis dieser Versuchsreihe ableiten?

65

3. Vergleiche die Bodenkarte (Taf. 12) mit der Niederschlagskarte (Taf. 3) und dem entsprechenden Teil einer physikalischen Karte im Atlas. Welche Beziehungen bestehen?

4. Verschaffe dir eine Bodenkarte (in Ermangelung dieser eine geologische Karte) deines engeren Heimatgebietes und stelle die Abhängigkeit der Pflanzengesellschaften vom Boden fest.

Die Kiefernwälder auf Sandböden

Zusammensetzung

Die Kiefernwälder machen auf den oberflächlichen Beschauer einen gleichförmigen, abwechslungsarmen Eindruck. Das ganze Jahr über tragen die Bäume, die weite Flächen des sandigen Bodens eintönig bedecken, dasselbe graugrüne Nadelkleid. Sie bleiben ihrem Standort treu, denn vor über tausend Jahren sind schon die Kiefernwälder der Oberrheinischen Tiefebene in einer Urkunde erwähnt worden. Der Codex Lauresheimensis vom Jahre 917 n. Chr. nennt ein „piceum nemus" aus der Gegend von Viernheim. In neuerer Zeit dringt die *Robinie* (Robinia Pseudacacia), die sich oft nur als buschiges Unterholz entwickelt, immer mehr in die reinen Bestände der *Kiefer* (Pinus silvestris) (Taf. 14, Fig. 1) vor (Taf. 13). Die Robinie, fälschlich auch Akazie genannt, wurde 1601 von Jean Robin, einem Pariser Gärtner, aus dem östlichen Nordamerika eingeführt.

Die Krautschicht setzt sich gegenüber der einförmigen Baumschicht aus einer großen Anzahl interessanter Arten zusammen. Besonders fallen verschiedene Orchideen auf, unter ihnen das *rote Waldvögelein* (Cephalanthera rubra) (Taf. 14, Fig. 6), die *braune Sumpfwurz* (Epipactis atropurpurea) (Taf. 14, Fig. 5) und das *kriechende Netzblatt* (Goodyera repens) (Taf. 14, Fig. 3). An lichteren Stellen dehnt sich das Land-Reitgras oder *Bergschilf* (Calamagrostis epigeios) (Taf. 14, Fig. 2) aus. Die *Küchenschelle* (Anemone Pulsatilla) (Taf. 8, Fig. 4) entfaltet im Frühjahr auf kalkhaltigen Sanden ihre violettblauen Glocken. Die *Steinbeere* (Rubus saxatilis), eine rotfrüchtige Verwandte unserer Brombeere, überzieht den Boden. Der *rote Storchschnabel*, auch Blutröslein genannt, (Geranium sanguineum) fällt im Herbst durch seine blutrote Blattfärbung auf. Der *Besenginster* (Sarothamnus scoparius) meidet ebenso wie das *Heidekraut* (Calluna vulgaris) (Taf. 22 Abb. 1) den Kalk. Die verschiedenen *Wintergrün*arten (Pi-

Tafel 13. *Kiefernwald auf Sandboden* bei Nieder-Ingelheim (Mainzer Becken). Links eindringendes Robiniengebüsch.

Aufnahme H. Heil

Tafel 14. *Kiefernwaldpflanzen.* 1. Kiefer (Pinus silvestris) ♂ gelb, ♀ rot, 2. Bergschilf (Calamagrostis epigeios) grün, 3. Netzblatt (Goodyera repens) weißlich, 4. Wintergrün (Pirola secunda) weiß, 5. Braune Sumpfwurz (Epipactis atropurpurea) purpurbraun, 6. Rotes Waldvögelein (Cephalanthera rubra) rot.

rola secunda (Taf. 14, Fig. 4), minor, chlorantha, uniflora und Chima-
phila umbellata) gehören ebenfalls zu den Bodenpflanzen des Kiefernwaldes. Von den Lippenblütlern erscheinen besonders die *große* und die
kleine Braunelle (Prunella grandiflora (Taf. 8, Fig. 1) und vulgaris) sowie die *Betonie* (Stachys officinalis) in dieser Pflanzengesellschaft.
In der Bodenschicht treten einige Moose hervor, die für die sandigen
Kiefernwälder bezeichnend sind. Zu ihnen gehört der *Hornzahn* (Ceratodon purpureus), das *graue Zackenmoos* (Racomitrium canescens), das
Tannen-Federmoos (Thuidium abietinum), das *runzelige Schlafmoos* (Hyp-
num rugosum).

Bau und Leistung wesentlicher Arten

Der nahezu reine Bestand der Kiefern läßt die Vermutung aufkommen,
daß gerade dieser Baum gegenüber anderen Arten Eigenschaften und
Fähigkeiten besitzt, die ihm an dem Standort besonders nützlich sind.
Die *Pfahlwurzeln* der Kiefern gründen sehr tief im Gegensatz zu dem
flachen Wurzelsystem andrer Nadelhölzer. Sie können sich noch das nötige
Wasser besorgen, wenn die obersten Bodenschichten ausgetrocknet sind.
Dieser Vorteil für den Wasserhaushalt wird noch dadurch verstärkt, daß
die Kiefer Einrichtungen besitzt, mit deren Hilfe sie die Wasserabgabe
aufs äußerste einschränken kann. Die *Nadelgestalt ihrer Blätter* (Taf. 15)
bewirkt eine weitgehende Verkleinerung der transpirierenden Oberfläche.
Diese ist nach außen durch das Wachs einer dicken Kutikula wasserdicht
abgeschlossen. Die Wände der dichtgefügten, schmalen Epidermiszellen
sind auffallend dick und zeigen im Querschnitt der einzelnen Zelle den
kleinen Innenraum in Kreuzform. Dieser Abschluß nach außen ist verstärkt durch eine an der Innenseite der Epidermis liegenden Schicht aus
ebenfalls dickwandigen Zellen. Die in Längsreihen angeordneten Spaltöffnungen liegen in kleinen Schächten versenkt. Ihre eigenartig gestal-
teten Schließzellen vermögen die Nadel fast vollständig abzudichten. Im
Innersten der Nadel befinden sich rings um die beiden Leitbündel wasserspeichernde Zellen, das Transfusionsgewebe. Zwischen diesem und den
beiden Hautschichten breitet sich das dicht mit Chlorophyllkörnern er-
füllte Assimilationsgewebe aus. Seine Zellen setzen sich zu Platten zusammen, die kulissenförmig hintereinander angeordnet sind und zwischen
sich große lufterfüllte Räume lassen. Die innere Oberfläche einer jeden
Zelle ist dadurch beträchtlich vergrößert, daß ihre Wand nach innen
Falten schlägt. In diesem Faltengewebe eingebettet liegen mehrere die
Nadel ihrer Länge nach durchziehende Harzkanäle, die von dickwandigen
Bastfasern umgeben sind. Wie eine Tapete liegt an der Innenseite dieser

festen Röhre die Schicht der harzabsondernden Zellen. Durch das für die Pflanze in seinen vorteilhaften Eigenschaften geradezu wunderbar ausgestaltete Blatt vermögen die Kiefern im Winter ihre Wasserabgabe stärker einzuschränken als die Laubbäume im entlaubten Zustand. Diese geben durch die Oberfläche ihrer Zweige mehr Wasser ab, als die Kiefer trotz des vollständigen Nadelkleides.

Das zarte Laubwerk der Robinie steht zwar in starkem Gegensatz zu den Kiefernnadeln. Doch kann sich dieser Baum durch seine ungeheuer tiefgehenden, bis 15 m langen Wurzeln jederzeit das notwendige Wasser beschaffen.

Die Krautschicht setzt sich zumeist aus verhältnismäßig flachwurzelnden Formen zusammen. Die Orchideen des Kiefernwaldes haben *fleischige Wurzeln* und oft auch dicke Blätter, in denen sie Wasser speichern können. Das flachwurzelnde Heidekraut, das im allgemeinen auf feuchte Luft angewiesen ist, findet in dem Walde Schutz gegen austrocknende Winde. Die verdunstende Oberfläche ist durch die Schuppenform der Blätter weitgehend herabgesetzt.

Standortsfaktoren

Im großen und ganzen wirken auf die Pflanzengesellschaften des Kiefernwaldes dieselben Faktoren ein, die den Standort der Sandformation kennzeichnen. Die Pflanzengemeinschaft des Kiefernwaldes geht aus der der offenen Sandflächen hervor. Die zunächst gemeinsamen Faktoren erfahren durch die Ausbildung des Waldes Veränderungen. Die Bodenbewohner der Kiefernwälder gedeihen unter anderen *Licht*verhältnissen als die der offenen Sandflächen. Die Kiefern stehen als lichtbedürftige Bäume (s. S. 42) zwar ziemlich weit auseinander, so daß die Helligkeit im Bestand eine viel größere ist als in anderen Waldarten. Aber doch halten die Kronen Licht zurück; der Bodenschicht steht nur ein Bruchteil der vollen Helligkeit zur Verfügung.

Der frei über die niedrig besiedelten Sandflächen brausende Wind wird durch die Stämme und Kronen stark gehemmt. Dadurch ist die *Verdunstungskraft* im Waldesinnern viel geringer als draußen.

Die Kiefernnadeln, die nach 5 bis 8 Jahren abgeworfen werden, bedecken in dichter Schicht die *Boden*oberfläche. Sie zersetzen sich nur sehr langsam und bilden dabei Humus, der sich mit dem Sande mischt. Die oberen

Tafel 15. *Querdurchschnittene Kiefernadel.* Vergrößerung 130fach. Das Blatt ist in seinem linken oberen Teil nochmals durch zwei senkrecht aufeinanderstehende Längsschnitte geöffnet. *o* Oberhaut. *sp* Spaltöffnungen, *h* Harzkanäle, *f* blattgrünhaltiges Faltengewebe, *tr* wasserführendes Transfusionsgewebe. *l* Leitbündel.

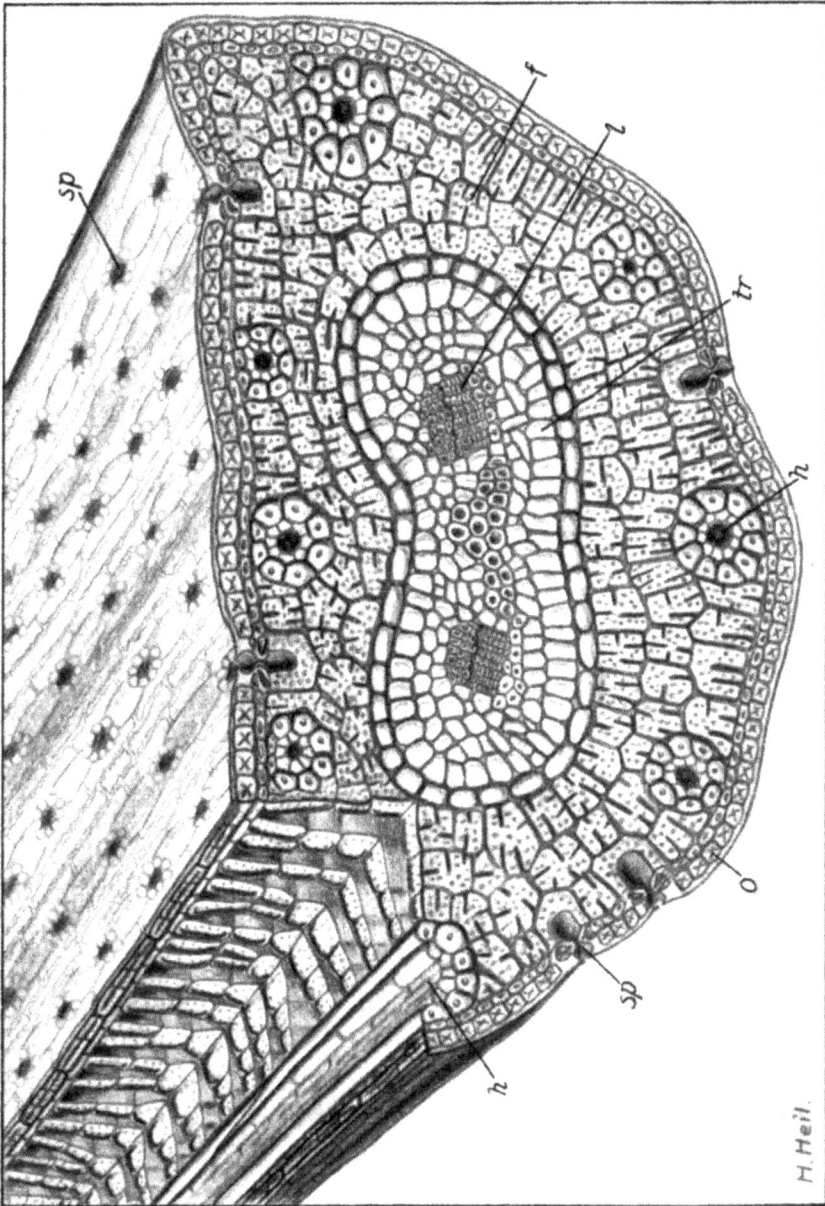

M. Heil.

Schichten nehmen allmählich an Nährstoffen zu und halten das aufgenommene Wasser stärker zurück als vorher.

Beziehungen zwischen Pflanzen und Umgebung

Zwischen dem Kiefernwald und dessen Umgebung sind die Wechselbeziehungen, die wir bei der Betrachtung der Sandpflanzen kennengelernt haben, weiter gesteigert. Den ausdauernden Tiefenwurzlern entsprechen in noch viel größeren Ausmaßen die Kiefern mit ihren ober- und unterirdischen Einrichtungen gegen Trockenheit.

Der Wald erzeugt einen neuen Lebensraum mit veränderten Faktoren, in dem sich neue Formen einfinden. In welcher Weise er Klima und Boden beeinflußt, haben wir im vorhergehenden Abschnitt erfahren.

Übungsarbeiten

A. Am Standort.

1. Stelle im Kiefernwald die Pflanzenarten fest, die er mit der Gesellschaft des offenen Sandes gemeinsam hat und die ihm allein eigen sind.

2. Vergleiche ein Profil vom Boden des Kiefernwaldes mit dem des offenen Sandes und des Laubwaldes.

3. Miß die Lichtstärke im Kiefernwald, auf dem unbeschatteten Sand und im Laubwald (Sommer- und Winterzustand).

B. Im Zimmer.

Untersuche die Kiefernnadel an Quer- und Längsschnitten unter dem Mikroskop.

Die Pflanzengesellschaften des Süßwassers

Zusammensetzung

Unsere Flüsse und Teiche beherbergen Pflanzengesellschaften von ganz verschiedener Zusammensetzung. Wie die kleinen Lebewesen des Bodens in dem Haushalt der Natur eine wichtige Rolle spielen, so haben auch die oft in Menge auftretenden, mit dem unbewaffneten Auge kaum sichtbaren Pflanzenformen des Wassers eine große ökologische Bedeutung. Die Gruppe der frei im Wasser schwebenden Formen, die nicht auf fester Unterlage leben, bezeichnet man in ihrer Gesamtheit als das pflanzliche *Plankton*. Wir wollen seine Zusammensetzung erst später (s. S. 114) betrachten und uns vorerst den großen Pflanzen des Wassers zuwenden (Taf. 16 u. 17).

Viele Arten aus diesem Verein stehen in enger Verwandtschaft miteinander und gehören häufig Familien an, die auf dem Festland keine näheren Verwandten besitzen. Eine solche ausgesprochene Wasserpflanzenfamilie sind die Laichkrautgewächse (Potamogetonaceae). Während einige der vielen *Laichkraut*arten (Potamogeton) (Taf. 17, Fig. 10) auch in der Strömung der Flüsse und Bäche gedeihen, zieht das seltenere *Nixenkraut* (Najas) stehendes Wasser vor. Die Familie der Froschbißgewächse (Hydrocharidaceae) mit den einheimischen Vertretern *Froschbiß* (Hydrocharis morsus ranae), *Krebsschere* (Stratiotes aloides), *Grundnessel* (Hydrilla verticillata) und *Wasserpest* (Helodea Canadensis) lebt ebenfalls im Wasser. Auch die *Seerosen* (Nymphaeaceae) mit unserer weißblühenden Nymphaea alba (Taf. 17, Fig. 1) und der gelben Nuphar luteum (Taf. 16) haben keine näheren Verwandte, die dauernd auf dem Festland gedeihen könnten. Ebenso sind die *Hornkraut*gewächse (Ceratophyllaceae) (Taf. 17, Fig. 8), sowie der *Wasserstern* (Callitriche) (Taf. 17, Fig. 3) und die Tausendblattgewächse (Halorrhagidaceae), zu denen das *Tausendblatt* (Myriophyllum) (Taf. 17, Fig. 9) gehört, an das Wasser gebunden.

Andere Wasserpflanzen entstammen Familien, die sich in der Hauptsache aus Landbewohnern zusammensetzen. So besitzen die Hahnenfußgewächse (Ranunculaceae) eine Reihe von Arten, die zum Wasserleben übergegangen sind. Man hat versucht, diese durchweg weißblühenden Pflanzen als eigene Gattung Batrachium von den eigentlichen *Hahnenfüßen* (Ranunculus) (Taf. 17, Fig. 6 u. Taf. 16) abzutrennen. Die auf Wiesen häufigen Knötericharten sind in Teichen durch den *Wasser-Knöterich* (Polygonum amphibium) (Taf. 17, Fig. 5) vertreten. Sogar die Enziangewächse (Gentianaceae), die in der Mehrzahl ausgesprochene Hochgebirgspflanzen sind, haben einen seerosenähnlichen Verwandten unter den Wasserpflanzen, die *Seekanne* (Nymphoides peltata (= Limnanthemum nymphaeoides)).

Die genannten Pflanzen — außer dem Froschbiß und dem Hornkraut — wurzeln in dem schlammigen Boden und lassen ihre Sprosse in dem Wasser fluten oder legen ihre Blätter auf die Wasseroberfläche. Eine andere Gruppe steht nicht mit dem Grunde in Verbindung, sondern schwimmt frei auf oder in dem Wasser wie der *Wasserschlauch* (Utricu-

Tafel 16. *Altrhein bei Lampertheim* (unweit Worms). Im Wasser: gelbe Seerose, Wassernuß, Laichkraut, Wasser-Hahnenfuß. Am Ufer: Wasser-Hahnenfuß (Blüten als weißes Band), Teich-Simse, Schilf. Im Hintergrund: Auwald. Aus: Vegetationsbilder, 20. Reihe, Heft 2.

Aufnahme H. Heil

Tafel 17. *Wasserpflanzen.* 1. Weiße Seerose (Nymphaea alba) weiß, 2. Wasserlinse (Lemna minor) grün, 3. Wasserstern (Callitriche stagnalis) grünlich, 4. Flutendes Lebermoos (Ricciella fluitans). 5. Wasser-Knöterich (Polygonum amphibium) rosa, 6. Wasser-Hahnenfuß (Ranunculus divaricatus) weiß, 7. Wasserschlauch (Utricularia vulgaris) gelb, 8. Hornkraut (Ceratophyllum demersum) grün, 9. Tausendblatt (Myriophyllum spicatum) rosa, 10. Gewelltes Laichkraut (Potamogeton crispus) grün.

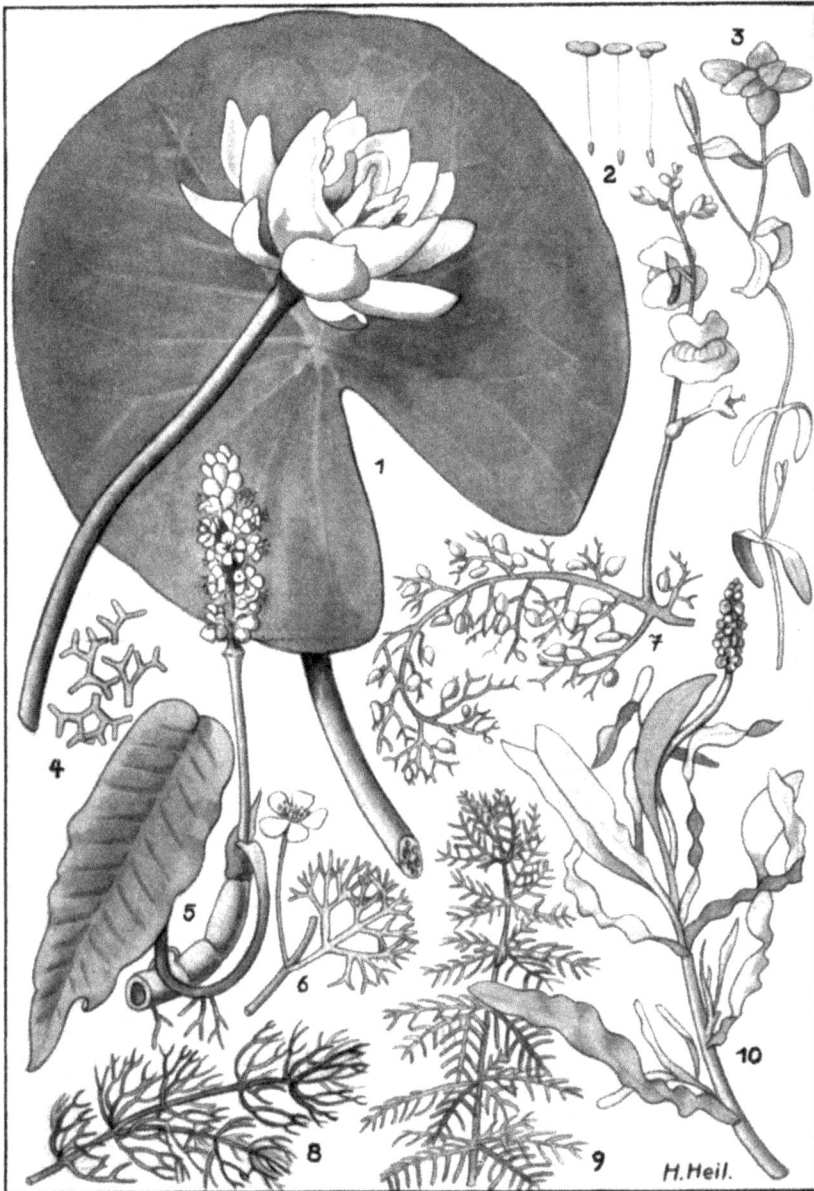

H. Heil.

laria) (Taf. 17, Fig. 7), die *Wasserlinsen* (Lemna) (Taf. 17, Fig. 2), einige höheren Sporenpflanzen (Riciella (Taf. 17, Fig. 4), Ricciocarpus, Salvinia) und viele Algen.

Wieder eine andere Schar ragt mit ihren Stengeln oder Blättern über die Wasseroberfläche in die Luft. In dem seichten Wasser in der Nähe des Ufers wachsen das *Pfeilkraut* (Sagittaria sagittifolia), der *Froschlöffel* (Alisma plantago) und die *Blumenbinse* (Butomus umbellatus), die *Teichsimsen* (Scirpus) (Taf. 19, Fig. 2), das *Schilf* (Phragmites communis) und der *Kalmus* (Acorus Calamus).

Bau und Leistung wesentlicher Arten

Heben wir eine untergetauchte Wasserpflanze aus dem Wasser, so fällt sie schlaff in sich zusammen. Ihr fehlt das Festigungsgewebe. Die Zellwände sind sehr dünn, und die Zellen bilden keine dicken Gewebekörper wie bei den Landpflanzen, sondern biegsame Zellflächen. Oft sind die zarten Blattspreiten in dünne Zipfel aufgeteilt. Die Anordnung der Blätter zu Rosetten kommt bei den Unterwasserpflanzen nur selten vor. Gewöhnlich haben sie lange Stengel, an denen die Blätter in weiten Abständen sitzen. In der Oberhaut der meisten untergetauchten Pflanzen fehlen die Spaltöffnungen. Die Leitbündel in Stengel, Blatt und Wurzel sind sehr schwach ausgebildet. Der innere *Blattbau* weicht von dem der Landpflanzen dadurch erheblich ab, daß bei den wenigen Zellschichten keine langgestreckten Palisadenzellen entwickelt werden (Taf. 18 B). Außer den Zellen des Mittelblattes enthalten auch häufig die der Epidermis Chlorophyllkörner. Ganz anders sind die Pflanzen aufgebaut, die mit einem Teil ihres Körpers die Luft berühren. Ihr Gewebe umschließt im Innern riesige, luftgefüllte Zwischenzellräume, die Interzellularen, die alle miteinander in Verbindung stehen und ein großes Luftkammersystem bilden. Nach außen schließen sie sich häufig durch eine dicke Kutikula ab, die sich über die Epidermis legt.

Diese beiden Gruppen werden durch solche Formen verbunden, die wie einige Schwimmpflanzen zeitweise zum Unterwasserleben übergehen. Die Schwimmblätter der gelben Seerose (Taf. 18 A) sind im Innern mit großen Luftkanälen ausgestattet, die sie zum Schwimmen befähigen und ihnen gleichzeitig bei Überflutung durch Wasser einen gewissen Luftvorrat zur Verfügung halten. Gegen die Blattoberseite ist ein palisadenartiges Gewebe entwickelt, in dem sich in der Hauptsache die Assimilation vollzieht. Gegenüber den Landpflanzen sind auf dem Seerosenblatt die Spaltöffnungen auf der der Luft zugekehrten Blattoberseite ausgebildet. Durch die dicke Wachsschicht der Kutikula sieht die obere Blattseite wie lackiert

71

aus: die Wassertropfen rollen über sie hin, ohne sie zu benetzen. Dieselbe Pflanze entwickelt bei hohem Wasserstand untergetaucht lebende Blätter, die ganz anders gebaut sind als die Schwimmblätter (Abb. 25 B). Sie gleichen in ihren Eigenschaften denen der ständig unter Wasser lebenden Pflanzen. An Stelle des dicken, derben Schwimmblattes, das sich aus sehr vielen Zellschichten aufbaut, entwickelt sich ein dünnhäutiges, durchscheinendes Gebilde aus nur 4 Lagen von Zellen, das etwa $1/8$ so dick ist wie das Schwimmblatt. Die Epidermiszellen der Blattoberseite haben ungefähr ihre Größe behalten, aber die Spaltöffnungen fehlen vollkommen. An Stelle der mehrstöckigen Palisadenreihen hat sich im Mittelblatt eine einzige Zellschicht ausgebildet. Ebenso ist das vielzellige Luftkammergewebe nur durch eine einzige Schicht vertreten, zwischen deren Zellen sich spärliche Interzellularen befinden. In den Blättern der eigentlichen Unterwasserpflanzen fehlen auch diese. Außerdem enthalten die Epidermiszellen der untergetauchten Seerosenblätter im Gegensatz zu denen der ständig untergetauchten Arten kein Chlorophyll.

Die Wasserpflanzen zeigen auch in ihrer *Fortpflanzung* manche Besonderheiten. Die meisten heben ihre Blüten über die Wasseroberfläche empor, so daß die Bestäubung in der Luft vollzogen werden kann. Dabei werden manchmal verhältnismäßig sehr lange Blütenstiele ausgebildet wie bei der Wasserpest. Einige Unterwasserpflanzen sind dagegen für die Pollenübertragung im Wasser eingerichtet wie das Hornkraut, dessen Blütenstaubkörner sehr dünne Außenwände besitzen. Auch die Samen einiger Arten sind insofern vorteilhaft für das Wasserleben ausgerüstet, als sie ausgezeichnete Schwimmvorrichtungen aufweisen. Der Samen der Seekanne hat im Innern große Lufträume und am Rande einen Gürtel von Fransen, die den Reibungswiderstand gegen das Wasser beträchtlich erhöhen (Abb. 20).

Weit größere Bedeutung als die Fortpflanzung durch Samen hat bei den Wasserpflanzen die vegetative Vermehrung durch Teilstücke. Die Wasserpest vermag sich in Europa trotz ihrer riesigen Verbreitung nur auf diesem Wege zu vermehren, denn bei ihrer Einführung aus Amerika kamen allein weibliche Stücke dieser zweihäusigen Pflanze zu uns, so daß eine Samenbildung ausgeschlossen ist. Ihr glassspröder Stengel bricht sehr leicht, die Teilstücke wurzeln bald fest und bilden in kurzer Zeit wiesenartige Bestände auf dem Grunde eines Gewässers.

Tafel 18. *Stücke aus den Blättern der gelben Seerose. A* Schwimmblatt. Vergrößerung 200fach. *B* Unterwasserblatt. Vergrößerung 110fach. *o. O.* Oberhaut der Blattoberseite. *u. O.* Oberhaut der Blattunterseite. *zw* Zwischenzellräume (Luftkammern). *h* innere Sternhaare.

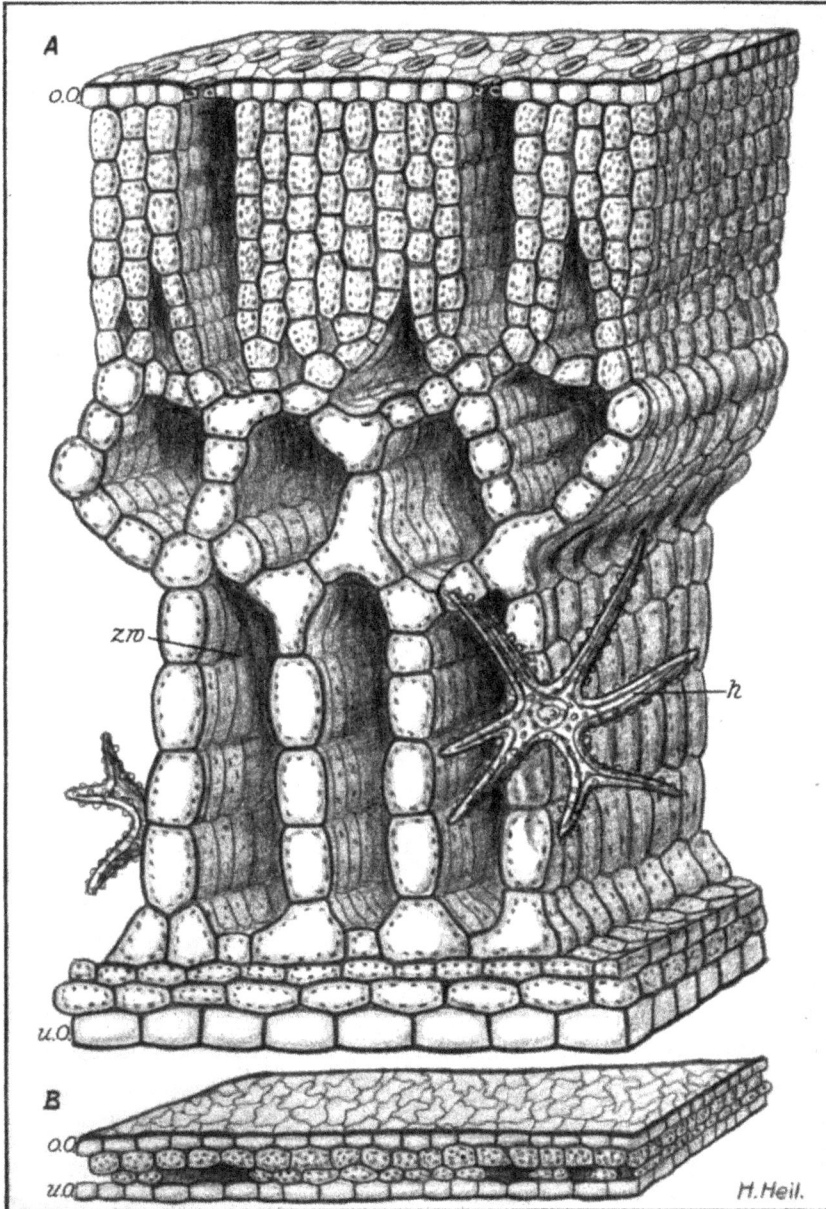

A

o.O.

z.w.

h

u.O.

B

o.O.

u.O.

H. Heil.

Eine höhere Stufe in der Art der vegetativen Vermehrung haben die Wasserpflanzen erreicht, die — gewöhnlich am Ende eines ausläufer- artigen Stengels — Vermehrungsknospen (Hibernakel) ausbilden. Die

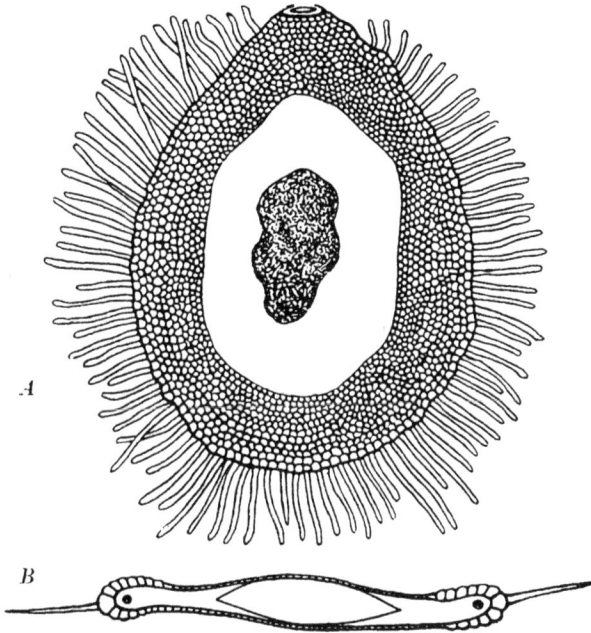

Abb. 20. *Same der Seekanne.* A. Flächenansicht, B. Querschnitt (Luftkammern!) Vergrößerung 20fach. Nach Schoenichen.

Hibernakel sind in den meisten Fällen gleichzeitig die Überwinterungs- organe. Einige Beispiele für solche Pflanzen sind der Froschbiß, die Krebs- schere und das Pfeilkraut.

Standortsfaktoren

Der Haushalt der Wasserpflanzen findet ganz andere Vorbedingungen als der der Landpflanzen. Der Standortsfaktor, der die meiste Veränderung erfährt, ist die *Luft.* Sie steht den Unterwasserpflanzen nur in gelöstem Zustande zur Verfügung. Die Bestandteile der Luft, die für die Mehrzahl der Gewächse eine wesentliche Bedeutung haben, sind der Sauerstoff und das Kohlendioxyd. Während sich von jenem nur verhältnismäßig geringe Mengen im Wasser lösen und die Größe der gelösten Menge außerdem noch von der Temperatur abhängig ist (s. S. 78). haben in vielen Gewässern die Pflanzen keinen Mangel an Kohlensäure. Diese steht ihnen oft in reichem Maße aus Quellen zur Verfügung, die am Grunde eines Gewässers austreten und kohlensäurehaltiges Wasser einleiten. Einen anderen noch ergiebigeren Kohlensäurevorrat birgt das in vielen Gewässern gelöste Kalziumbikarbonat.

Da das Wasser geringes Leitvermögen für *Wärme* (s. S. 60) besitzt, erwärmen sich die stehenden Gewässer zu Beginn der warmen Jahreszeit nur sehr langsam. In ihnen fehlen die starken Austauschströmungen, die bei der Luft — einem an sich noch schlechteren Wärmeleiter — die Heranführung erwärmter Luftmassen an vorher kalte Orte besorgen. Dementsprechend hält auch das Wasser im Herbst die Wärme länger zurück. Hierdurch kommt eine zeitliche Verschiebung der Wärmeperiode zwischen Wasser und Land zustande. Anders verhalten sich die fließenden Gewässer. Besonders in ihren quellennahen Teilen sind die Temperaturen das ganze Jahr über ziemlich ausgeglichen.

Das in das Wasser eindringende *Licht* erfährt in verschiedener Richtung Veränderungen. Nach der Tiefe zu wird es ständig schwächer, so daß allmählich ein kaum beleuchteter und schließlich ein lichtloser Raum entsteht (Abb. 21). Nicht nur seiner Menge. sondern auch seiner Zusammensetzung nach wird es beim Durchdringen des Wassers verändert. Je nach der Wasserfärbung werden bestimmte Wellenlängen des weißen Lichtes nicht vollständig durchgelassen, die übrigbleibenden treten als Farbe in Erscheinung. In tieferen Wasserschichten herrscht gewöhnlich gedämpftes, fahlgrünes Licht vor.

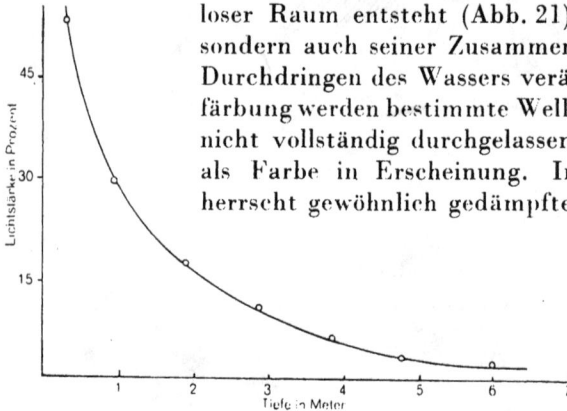

Abb. 21. *Abnahme der Lichtstärke mit der Tiefenzunahme in einem See.* Nach W. H. Pearsall.

Die Eigenfarbe eines Gewässers wird durch die in ihm gelösten oder schwebenden Stoffe bedingt. Die kalkarmen, durch Humusstoffe teegelb gefärbten Braunwasserseen unterscheiden sich in ihrer Farbe wesentlich von den Klarwasserseen, die ihrerseits wieder durch Nährstoffreichtum eine grünliche Trübung aufweisen können oder wie viele nährstoffarme Hochgebirgsseen in klarem Blau erstrahlen. So kann die Farbe des Wassers einen Hinweis auf den *Nährstoffgehalt* geben.

74

Beziehungen zwischen Pflanzen und Umgebung

Die von der Luft und dem festen Boden abweichenden Eigenschaften des Lebensraumes Wasser erfordern ganz besondere Fähigkeiten der in ihm lebenden Pflanzen. Je nachdem sie sich vollständig im Wasser entwickeln oder in den Lebensraum der Landpflanzen hineinragen, ist ihre Ausbildung verschieden. Schon nach ihrem äußeren Aussehen lassen sich bei den Wasserpflanzen verschiedene Formationen unterscheiden, deren Anordnung durch die Tiefe des Wassers bestimmt wird.

Da die grünen Pflanzen vom Lichte abhängig sind, dieses aber mit der Wassertiefe abnimmt, entsteht für sie über dem Grunde tiefer Gewässer ein toter Raum, das sogenannte *Profundal*. Die Grenze zwischen ihrem eigentlichen Lebensraum und dem Profundal liegt je nach der Durchsichtigkeit des Wassers und der Anspruchslosigkeit der Pflanzen recht verschieden. Im allgemeinen hört die grüne Vegetation schon bei 7 m auf.

Bis dorthin dringen Formen vor, die vollständig untergetaucht leben, die *Submersen*. Diese erinnern in dem Bau ihrer dünnen durchsichtigen Blattflächen an Schattenpflanzen. Auch bei manchen Farnen, die im tiefen Schatten wachsen, liegen Chlorophyllkörner in den Zellen der Oberhaut. Wie diese vermögen die Unterwasserpflanzen das spärliche Licht ihres Standortes auszunutzen. Gegenüber den Landpflanzen fehlt den Submersen das Feuchtigkeitsgefälle zwischen dem Lebensraum der Wurzeln und dem der Sprosse, ebenso zwischen dem Körperinnern und dem Außenraum. Dementsprechend sind bei den untergetauchten Wasserpflanzen alle Einrichtungen, die der Transpiration dienen, gar nicht oder nur äußerst schwach entwickelt. Die Leitungsbahnen des Transpirationsstromes, die Leitbündel, sind nur angedeutet. Die Spaltöffnungen mit ihren die Wasserabgabe so sorgfältig regelnden Schließzellen fehlen vollständig, und die wirksame Schutzvorrichtung gegen Vertrocknung, die derbe, wasserdichte Kutikula, ist nicht ausgebildet. Das Festigungsgewebe liegt bei manchen Wasserpflanzen, die in reißender Strömung leben, in der Mitte des Körpers, den es gleichsam wie ein Tau durchzieht. Bei den im ruhigen Wasser wachsenden Submersen fehlt es vollständig. Ihr Körper, der meistens spezifisch etwas leichter ist als das Wasser, wird von diesem getragen.

Eine andere Gruppe von Wasserpflanzen ist an geringere Tiefen gebunden, da ihre Blätter auf die Wasseroberfläche gelangen müssen. Diese *Schwimmpflanzen* überschreiten selten eine Tiefe von etwa 4 m.

Noch seichteres Wasser beanspruchen die *Sumpfpflanzen*, die mit dem größten Teil ihres Körpers in die Luft ragen. 3 m Tiefe bedeutet für sie die äußerste Grenze.

Diese Beziehungen zwischen der Wassertiefe, die durch die Oberflächen-
form des Grundes mitbestimmt wird, und der Art der Pflanzenformation
finden ihren äußeren Ausdruck darin, daß sich die Formationen von der
tieferen Mitte eines Gewässers nach den flacheren Rändern hin in gürtel-
förmigen *Zonen* hintereinander anordnen (vgl. Taf. 16 und Abb. 30).

In dem gegenüber der Luft klimatisch benachteiligten Lebensraum Wasser setzen sich die Pflanzengesellschaften in der Regel aus *mehrjährigen
Formen* zusammen. Mit nährstofferfüllten Wurzeln oder Wurzelstöcken
oder auch als Winterknospen überdauern sie die ungünstige Jahreszeit,
um sofort bei geeigneter Witterung mit Blatt- und Blütenentfaltung beginnen zu können. Einjährige Wasserpflanzen, wie die Wassernuß (Trapa
natans) und das Nixenkraut (Najas), sind selten und fordern einen warmen
Standort.

Das zur *Assimilation* notwendige Kohlendioxyd entnehmen die Wasserpflanzen zum Teil der im Wasser gelösten Luft, zum Teil aber auch dem
ebenfalls gelösten Kalziumbikarbonat. Durch diese Möglichkeit unterscheidet sich der Haushalt der Wasserpflanzen wesentlich von dem der
Landpflanzen. Dabei treten folgende Wechselwirkungen zwischen Pflanze
und Standort auf. Die Wasserpflanzen geben — wie jedes Lebewesen —
durch ihre Atmung ständig Kohlendioxyd an ihre Umgebung ab. Am
hellen Tage wird dieses wieder bei der Kohlenstoffassimilation verbraucht.
Des Nachts, wenn keine Lichtenergie zur Verfügung steht, müßte der
größte Teil des durch die Atmung erzeugten Kohlendioxydes für die
Wasserpflanze verloren gehen, wenn es ihre Umgebung nicht in irgend-
welcher Form speichern könnte. Das geschieht in kalkhaltigen Gewässern
dadurch, daß sich der unlösliche kohlensaure Kalk mit der Pflanzen-
kohlensäure in löslichen doppelkohlensauren Kalk umsetzt. Aus diesem
steht dann der Pflanze bei Tage, wenn Mangel an Kohlensäure herrscht,
solche zur Verfügung. Aus dem Bikarbonat wird wieder das Karbonat,
das sich häufig als wasserunlösliche starre Kruste auf der Oberfläche der
Pflanzen, insbesondere der Blätter, abscheidet.

Die Luft als Standortsfaktor

Die Luft ist als Gasgemisch kein einheitlicher Faktor. Wie bei der Betrachtung des Bodens müssen wir auch bei ihr die einzelnen Bestandteile
nach ihrer ökologischen Wirkung auseinander halten. Ein Liter Luft besteht (nach den Angaben von Treadwell) aus 780,3 ccm Stickstoff,
209,9 ccm Sauerstoff, 9,4 ccm Argon, 0,3 ccm Kohlendioxyd, 0,1 ccm
Wasserstoff.

Der am meisten vorhandene Bestandteil, der *Stickstoff*, wird als Gas von
den Pflanzen nur unvollkommen ausgenutzt, wie wir bei der Betrachtung
des Bodens erfahren haben (s. S. 62).

Der *Sauerstoff* ist für alle Organismen ein lebenswichtiges Element. Allein
durch ihn wird die Atmung unterhalten, die für die Lebewesen Energie-
gewinn bedeutet. Durch die Umsetzung von organischen, d. h. Kohlen-
stoffverbindungen, entsteht als chemisches Endprodukt das Kohlendioxyd. Die Energiegewinnung durch Atmung läßt sich folgendermaßen
veranschaulichen.

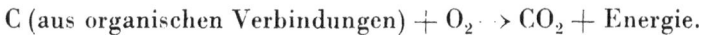

$$\text{C (aus organischen Verbindungen)} + O_2 \rightarrow CO_2 + \text{Energie.}$$

Das fast zu 1% in der Luft enthaltene *Argon* hat als Edelgas nicht die
Fähigkeit, irgendwelche chemische Verbindung einzugehen. Deshalb kann
es nicht in den Lebenshaushalt der Pflanzen einbezogen werden, denn nur
durch das Entstehen, Umsetzen oder Auflösen von Verbindungen aus
reaktionsfähigen chemischen Elementen kann das Leben unterhalten
werden.

Von allen Gasarten der Luft ist das nur zu $0,03\%$ enthaltene *Kohlendioxyd* für die grüne Pflanze von grundlegender Bedeutung. Aus ihm
stammt durch die Vermittlung der grünen Pflanze der größte Teil des
Kohlenstoffvorrates der Erde. Umgekehrt wie bei der Atmung wird bei der
Kohlenstoffassimilation Energie verbraucht, die die Pflanze als Lichtenergie bezieht; der Sauerstoff des Kohlendioxydes wird frei.

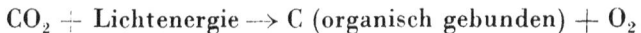

$$CO_2 + \text{Lichtenergie} \longrightarrow \text{C (organisch gebunden)} + O_2$$

Der in der Luft enthaltene elementare *Wasserstoff* hat für die Pflanze
keine Bedeutung.

Die betrachteten lebenswichtigen Gase müssen überall vorhanden sein,
wo sich Pflanzen entwickeln. Die in den Bodenporen befindliche Bodenluft unterscheidet sich in ihrer Zusammensetzung wesentlich von der Luft
der Atmosphäre. In ihr reichert sich das durch die Wurzeln der höheren
Pflanzen und die ungeheure Zahl der an die Erde gebundenen kleinen
Lebewesen ausgeatmete Kohlendioxyd an (s. S. 63). Der Ausgleich durch
Luftströmung, der in der Atmosphäre für eine möglichst gleichmäßige
Verteilung der Gase sorgt, fehlt in dem abgeschlossenen Boden. Außerdem
wird dort die Kohlensäure kaum verbraucht. Diese Kohlendioxydanrei-
cherung im Boden fällt natürlich mit der Zone zusammen, die von Lebewesen durchsetzt wird. Sie reicht im allgemeinen von der Oberfläche bis

zu einer Tiefe von etwa 30 cm hinab. 15 cm unter der Bodenoberfläche fand man in ungedüngtem Ackerboden einen Kohlendioxydgehalt der Bodenluft von 0,3%; er war also 10 mal so groß wie der der atmosphärischen Luft. Der Gehalt schwankt je nach der Stärke der Bodenatmung. Durch allmähliche Diffusion gelangt die Bodenkohlensäure nach außen in die die Bodenoberfläche bedeckende Luftschicht. Dadurch ist diese kohlensäurereicher als die übrige Atmosphäre. Ihr Kohlendioxydgehalt nimmt besonders während eines Regens zu, wenn durch das eindringende Wasser die Bodenluft ausgetrieben wird. Diese aus dem Boden ausströmende Kohlensäure kommt den Pflanzen der Krautschicht zugut. In der Baumschicht kann dagegen der Kohlendioxydgehalt während reger Assimilation unter den normalen Wert sinken. Die Menge des in der Luft enthaltenen Kohlendioxyds ist nicht nur örtlich innerhalb der Schichten verschieden, sondern auch zeitlich während des Verlaufes eines Jahres (Abb. 15).

Auch in physikalischer Hinsicht hat die Luft für die Pflanze und deren Haushalt mehrfache Bedeutung.

Die Menge der im *Wasser gelösten Luft* hängt weitgehend von der Aufnahmefähigkeit des Wassers ab, die sich je nach der Temperatur ändert. Wie die folgenden Werte für den Sauerstoff und das Kohlendioxyd zeigen, sind im kalten Wasser größere Mengen der Gase löslich als im warmen. Die Zahlen besagen, wieviel Liter Gas in einem Liter Wasser gelöst sind.

Temperatur des Wassers	Gelöster Sauerstoff (nach Winkler)	Gelöstes Kohlendioxyd (nach Bohr)
0^0	0,049	1.713
10^0	0,038	1.194
20^0	0,031	0.878
30^0	0,026	0.665
40^0	0,023	0.530
50^0	0,021	0.436

Sauerstoffbedürftige Arten können deshalb nicht in stehenden Wasseransammlungen leben, die sich stark erwärmen. Sie ziehen das kühlere Wasser vor. Außerdem nehmen fließende Gewässer durch die ständige Bewegung ihrer Wassermassen größere Luftmengen auf.

Umgekehrt wird die Luft zum Träger des *Wasserdampfes*, dessen Menge bestimmend auf die Zusammensetzung der Pflanzenvereine wirkt. Die feuchte Luft des atlantischen Klimas bedingt ganz andere Florenelemente als die trockene Luft des Kontinentalklimas.

Die Ausgleichsströmungen bewirken eine gleichmäßige Verteilung der Wärme. Sie können so stark werden, daß die bewegten Luftmassen als Sturm schädlich auf die Pflanzenkörper einwirken. Auch weniger heftige Luftströmungen sind imstande, in den Haushalt der Pflanze einzugreifen. Der *Wind* führt den abgegebenen Wasserdampf schnell fort und steigert die Transpiration der Pflanze mitunter bis zur Vertrocknung (s. S. 120).

Übungsarbeiten

A. Am Standort.

1. Versuche die Zonenbildung innerhalb der Wasserpflanzengesellschaft zu erkennen. Miß die Wassertiefen für die einzelnen Zonen aus.

2. Vergleiche die verschiedenen Blattarten der Wasserpflanzen miteinander.

3. Miß in einem stehenden Gewässer die Temperatur des Wassers an verschiedenen Stellen (Oberfläche, Grund; freies Wasser, Pflanzenbestände).

4. Vergleiche die Temperaturen verschiedener Gewässer (Quelle, Bach, Fluß, Teich in der Sonne, Teich im Waldesschatten) und achte dabei auf die vorkommenden Pflanzenarten.

B Im Zimmer.

1. Betrachte unter dem Mikroskop Blatt- und Stengelquerschnitte von verschiedenen Wasserpflanzen.

2. Bringe ein Glas, in dem sich einige Zweige der Wasserpest in Wasser befinden, in Sonnenlicht. Prüfe die aus den Pflanzen aufsteigenden Gasblasen auf ihre chemische Natur. Lege auf den sonnenbeschienenen Teil des Glases durchscheinendes Papier (Seiden- oder Pauspapier). Welche Beobachtung ergibt sich, wenn weitere Schichten von Seidenpapier aufgelegt werden? Welchem Vorgang in der Natur entspricht dieser Versuch?

3. Verteile Wasserpest in zwei Gläser mit Leitungswasser und bringe zu dem einen kohlensäurehaltiges Mineralwasser (Selterswasser). Welcher Unterschied besteht in der Sauerstoffabgabe, wenn beide Gläser derselben Lichtstärke (Sonne) ausgesetzt sind? Welche Bedeutung hat das kohlensäurehaltige Wasser für die Wasserpflanzen?

Die Pflanzengesellschaften des Flachmoores

Zusammensetzung

An den Rändern mancher Seen, im Überschwemmungsgebiet unserer Flüsse, den Rieden, und auf vielen Wiesen zu beiden Seiten eines Baches finden wir Pflanzengesellschaften, die sich durch ihre Baumarmut und das Überwiegen von Gräsern und Riedgräsern auszeichnen. Doch birgt diese Vegetation auch große, üppige Stauden mit auffallenden Blüten.

An feuchteren Stellen, also am Rande der Gewässer, bilden die *Teichsimsen* (Scirpus lacustris) (Taf. 19, Fig. 2) und das *Schilf* (Phragmites communis) einen dichten Wald (Taf. 16). Die Pflanzen dieses Röhrichts werden nach dem Innern des Flachmoores zu ständig kleiner und dürftiger und machen schließlich den Seggen, den eigentlichen Riedgräsern, Platz. Von dieser artenreichen Gattung findet man bestimmte Vertreter mit Sicherheit in jedem Flachmoor. Vor allem wächst dort die *steife Segge* (Carex stricta) (Taf. 19, Fig. 1), deren Büsche schon von weitem als Bulten sichtbar sind. (Andere Flachmoorseggen sind: Carex vulpina, C. echinata, C. leporina, C. acutiformis, C. Hornschuchiana, C. glauca, C. vesicaria, C. paludosa, C. riparia.) Von echten Gräsern fallen außer dem Schilf noch folgende Arten besonders auf: das *Rohr-Glanzgras* (Phalaris arundinacea), das *Mannagras* oder *Wasser-Schwaden* (Glyceria aquatica) und der *Rohr-Schwingel* (Festuca arundinacea). Zwischen diesen stehen verschiedene *Binsen* (Juncus) und *Schachtelhalme* (Equisetum) (Taf. 19, Fig. 6). Zu der Buntheit des blühenden Flachmoores tragen folgende Pflanzen bei: die *Sumpf-Dotterblume* (Caltha palustris), das *Sumpfherzblatt* (Parnassia palustris) (Taf. 19, Fig. 5), der *Sumpf-Storchschnabel* (Geranium palustre), die *Sumpf-Wolfsmilch* (Euphorbia palustris), der *Blut-Weiderich* (Lythrum Salicaria) (Taf. 13, Fig. 3), der *Sumpf-Haarstrang* (Peucedanum palustre), der *Gilbweiderich* (Lysimachia vulgaris), die *Bachminze* (Mentha aquatica), der *Wolfstrapp* (Lycopus Europaeus), der *Sumpfziest* (Stachys paluster), das *Sumpf-Helmkraut* (Scutellaria galericulata), das *Sumpf-Läusekraut* (Pedicularis palustris) (Taf. 19, Fig. 4), der *Baldrian* (Valeriana officinalis), die *Bertrams-Schafgarbe* (Achillea Ptarmica) und das *Sumpf-Kreuzkraut* (Senecio paludosus).

Tafel 19. *Flachmoorpflanzen.* 1. Steife Segge (Carex stricta) braun. 2. Teich-Simse (Scirpus lacustris) rotbraun, 3. Blut-Weiderich (Lythrum Salicaria) rot. 4. Sumpf-Läusekraut (Pedicularis palustris) rot, 5. Sumpfherzblatt (Parnassia palustris) weiß. 6. Teich-Schachtelhalm (Equisetum heleocharis) braun.

Bau und Leistung wesentlicher Arten

Der Gesamteindruck der Flachmoorvegetation ist der einer üppigen, lebenskräftigen Wiese. Die einzelne Pflanze dehnt sich darin in kraftvoller Entwicklung nach allen Seiten aus. Es entstehen die dicken Seggenbulte, die dunkelgrünen Büsche des Sumpfhaarstranges und die zur Blütezeit violett übersäten Kissen des Sumpf-Storchschnabels. Durch diese ungeheure Wuchskraft wird alles Schwächere verdrängt: im Wiesenmoor herrscht harter *Konkurrenzkampf*.

Das Gewebe der Flachmoorpflanzen besteht im allgemeinen aus großen saftreichen Zellen, zwischen denen ein gut ausgebildetes *Durchlüftungssystem* entwickelt ist. Als Ausnahme erscheint in diesem Pflanzenverein das dürr aussehende, im Winde raschelnde Schilf. Seine Wurzelstöcke lassen in ihrem Bau aber doch wieder die Sumpfpflanze erkennen.

Die *Blätter* und Stengel der meisten Flachmoorpflanzen sind unbehaart, oft glatt und glänzend. In den Oberhautzellen der Riedgräser liegen eigenartige spitze Kieselkörper eingebettet, die den Seggenblättern die Eigenschaften einer feinen Säge verleihen und sich beim Durchwandern eines Flachmoores unliebsam bemerkbar machen.

Standortsfaktoren

Mit dem Begriff Moor verbinden wir immer die Vorstellung des Nassen. So ist das Flachmoor ebenfalls durch starke *Bodendurchnässung* gekennzeichnet, die von hochstehendem Grundwasser herrühren kann, z. T. aber auch von den über ihre Ufer tretenden Gewässern stammt. Der weiche Boden hat keine Tragfähigkeit, man bricht in ihm ein. Deswegen führt das Flachmoor auch die Bezeichnung Bruch. Bei sinkendem Grundwasserspiegel kann dieses unter Umständen austrocknen, bei Hochwasser des angrenzenden Gewässers wird es häufig überschwemmt. Das Verhalten von Tag- und Grundwasser kann vollständig unabhängig voneinander sein. Oft steht das Grundwasser, trotzdem es bis an ein Flußbett heranreicht, in keinerlei Beziehung zu dem Flußwasser, so daß die Wasserverhältnisse eines Riedes manchmal nur schwer zu überschauen sind.

Die starke Bodendurchnässung bedingt eine höchst *mangelhafte Bodendurchlüftung*. Das Porenvolumen enthält besonders in den tieferen Schichten kaum Bodenluft. Darum bemüht sich der Mensch, durch die Entwässerung der Riede, also durch Herbeiführung einer guten Bodendurchlüftung, aus dem versumpften Flachmoorboden einen brauchbaren Kulturboden zu machen.

Die Vorbedingungen dazu sind in dem großen *Nährstoffreichtum* gegeben. Das Grundwasser löst Salze aus den tieferen Bodenschichten und bringt sie in die Region der Pflanzenwurzeln. Liegt das Flachmoor an einem fließenden Wasser, so wird es bei Überschwemmung reichlich mit Stoffen überschüttet, die für die Pflanzenernährung wertvoll sind. Die aufgewühlten und mitgerissenen Bodenteilchen, die dem Hochwasser eine milchige Trübung verleihen, werden bei dem Rückgang der Fluten zum großen Teil in dem Überschwemmungsgebiet abgesetzt. Auch Reste von Lebewesen gelangen auf diese Weise in das Flachmoor und steigern ebenfalls den Nährstoff- und Humusgehalt.

Beziehungen zwischen Pflanzen und Umgebung

Die besprochenen Standortsfaktoren bestimmen eindeutig die Zusammensetzung der Flachmoorgesellschaften. Der Nährstoffreichtum bedingt die Entwicklung einer üppigen Vegetation, deren Mitglieder jedoch nicht gegen den Luftmangel des Bodens empfindlich sein dürfen. Oft zeigen die Flachmoorpflanzen Einrichtungen, wie wir sie für die Sumpfpflanzen kennengelernt haben. Große Luftspeicher dienen im Innern der Gewebe, besonders in den unterirdischen Organen zum Ausgleich gegen den äußeren Luftmangel. Pflanzen, die mit ihren Wurzeln sehr tief in den Boden dringen, wie die Bäume, können sich auf dem Flachmoor nicht entwickeln. Die Wurzeln finden in den tieferen Bodenschichten nicht die genügende Luft zum Atmen vor; sie müßten ersticken.

Die Flachmoorpflanzen tragen zur Veränderung des Bodens bei. An trockneren Stellen entsteht aus den Resten des üppigen Pflanzenwuchses tiefschwarzer, lockerer Humus. In den feuchten Teilen des Flachmoores wird durch den Luftmangel eine weitgehende Zerlegung der Organismenreste, also eine Verwesung, verhindert. Die Zersetzung bleibt am Anfang ihres Verlaufes stehen; es kommt dabei oft nur zu einer Fäulnis des protoplasmatischen Zellinhaltes, während die Zellwände langsam verkohlen. Diesen Vorgang nennt man die Vertorfung. Dabei bilden sich die charakteristischen Schichten des Flachmoortorfes, in dem man noch nach großen Zeiträumen die an der Torfbildung beteiligten Pflanzen an der Struktur ihrer Reste erkennen kann.

Die Verlandung der Gewässer

Die natürliche Trockenlegung von Stellen, die vorher mit Wasser bedeckt waren, kann auf verschiedene Weise erfolgen.

1. *Dauerverlandung.*

   a) Die Lage des Bodens kann sich durch erdgestaltende Vorgänge verändern. Der Boden großer Meeresteile und Seen hebt sich im Laufe

großer Zeitspannen: das Wasser läuft nach den tiefer gelegenen
Teilen ab.

b) Der Boden hebt sich nicht aktiv, sondern wird mit Sinkstoffen und
Vegetationsresten aufgefüllt, so daß das über ihm stehende Wasser
allmählich verdrängt wird.

2. *Periodische Verlandung.*

Der Boden wird für kürzere Zeiten abwechselnd trocken gelegt und
wieder überschwemmt.

1. *Dauerverlandung.*

Während die Veränderung der Vegetation durch aktive Hebung des Bodens infolge der Langsamkeit für die unmittelbare menschliche Beobachtung wenig geeignet ist, bietet die passive Erhöhung durch Auffüllung in
vegetationskundlicher und ökologischer Hinsicht sehr viel Interessantes.
Eine solche Verlandung kommt häufig bei stehenden Gewässern, also
Teichen und *Seen* vor, bei der die Bodenauffüllung langsam aber stetig
fortschreitet. Auch gewisse Teile von Strömen können verlanden. In wenig
geneigten, weiten Ebenen bilden die träge fließenden Wassermassen große
Schlingen. Sie umgehen damit manchmal verhältnismäßig geringe Hin-
dernisse, die sie bei größerem Gefälle glatt durchbrechen könnten. Oft
liegen Anfang und Ende einer solchen Schlinge so nahe beieinander, daß
der Strom bei Hochwasser das trennende Stück durchreißt und damit
seinen Lauf verkürzt (Abb. 22 u. 23). In der Schlinge hat das Wasser
kaum Strömung, es stellt sich, und das bogenförmige, abseits liegende
Stück, das *Altwasser*, verkleinert sich durch die nun einsetzende Verlandung und trocknet schließlich ganz aus.

Die Auffüllung des Wasserbeckens geschieht zunächst durch Sinkstoffe,
die sich am Grunde der Gewässer absetzen und diesen erhöhen. Am besten
sind die Sedimentmassen zwischen dem Gewirr der Wasserpflanzen vor
dem Wegspülen geschützt, so daß diese zunächst mittelbar zur Verlandung
beitragen. Haben sich nun alle möglichen Stoffe, wie feinverteilte, vom
Wasser mitgerissene Bodenteile und Überreste von Lebewesen in genügender Menge abgesetzt, dann wird das Wasser so seicht, daß die Sumpfpflanzen des Ufergürtels, die eigentlichen Verlandungspflanzen, schnell in
das Innere des Gewässers vordringen. Zungenförmig schieben sich dann
die Rohrwälder und die Seggenbestände über den aufgefüllten Grund und
schließen sich, von allen Seiten kommend, zu einer gleichförmigen Vegetationsdecke zusammen (Taf. 20A). Aus dem Gewässer ist durch die

Abb. 22. *Rheinschleife bei Lampertheim um 1797.* Verkleinerter Ausschnitt aus einer Karte von Artillerieleutnant Haas (gestochen von C. Felsing).

Verlandung ein *Schilfsumpf* geworden. der bei weiterschreitender Festigung des Bodens in ein *Flachmoor* übergeht.

2. *Periodische Verlandung.*

Im Gegensatz zu diesen nicht mehr umkehrbaren Vorgängen der Dauerverlandung kann eine sich periodisch wiederholende Verlandung der Uferregionen eintreten. Die Periode wird durch den Wechsel von *Hoch-* und *Niederwasser* bedingt.

Aus den stehenden Gewässern verdunsten in Zeiten großer Trockenheit verhältnismäßig große Wassermengen, so daß sich die Wassergrenze vom Ufer nach dem Beckeninnern zurückzieht. Wasserpflanzenbewachsene Teile des ufernahen Grundes werden vom Wasser entblößt. Der zunächst noch nasse Schlamm trocknet von der Oberfläche nach der Tiefe aus. Allmählich entstehen in dem nackten Teichboden Trockenrisse.

Bei den Flüssen. insbesondere bei den größeren Strömen werden die Hoch- und Niederwasserperioden durch die wechselnde Stärke ihres Zulaufes bestimmt (Taf. 21). Wir können zwei Typen der Hochwasserverteilung

Abb. 23. *Altrhein bei Lampertheim.* Ausschnitt entsprechend Abb. 22. aber aus neuer
Karte. Vom natürlichen Rheindurchbruch i. J. 1801 ist noch ein seeartiges Becken
übrig. Zur Regelung des Stromlaufes wurde nach der Katastrophe als Verbindungs-
stück der „Neurhein" gestochen.

unterscheiden. Bezieht ein Fluß sein Wasser in der Hauptsache aus dem
Hochgebirge, so steigt er nach der im Juni einsetzenden Schneeschmelze
rasch bis zu seinem höchsten Stand. Die Niederwasserperiode liegt in dem
übrigen Teil des Jahres. Die Mittelgebirgsflüsse erhalten dagegen bei win-
terlichem Tauwetter, das oft um Neujahr eintritt, große, plötzlich aus
dem aufgestapelten Schnee gebildete Wassermassen. Ihre Niederwasserperiode fällt in den Sommer und in den Herbst. Vereinigt finden wir diese
beiden Typen bei großen Strömen, wie dem Rhein, die aus dem Hochgebirge kommen und in ihrem langen Lauf das Mittelgebirge und das Tiefland durchfließen. In dem Oberlauf führen sie als Zeichen ihrer alpinen
Herkunft Sommerhochwasser. Durch die große Zahl der aufgenommenen Mittelgebirgsflüsse verwischt sich diese Erscheinung bis zu ihrem
Unterlauf derart, daß sie dort vornehmlich Winterhochwasser bekommen.
Im Mittellauf durchdringen sich beide Typen, es treten zwei Hochwasser-
perioden auf, die eine im Sommer (Juni), die andere im Winter (Neujahr).
In welcher Weise finden sich die Wasserpflanzen mit der zwischen

85

den Hochwasserzeiten liegenden Umgestaltung ihres Lebensraumes ab, mit der Austrocknung der flacheren Buchten und der durch das Fluß-wasser mitversorgten Becken?

Die untergetauchten fallen bei Wasserentzug haltlos in sich zusammen, ihre Sprosse verdorren. Einige Arten vermögen neue Sprosse zu treiben, die durch Aussteifung und Schutz gegen zu starke Abgabe ihres Körper-wassers für das Landleben eingerichtet sind. Der unter Wasser lebende *Tannenwedel* (Hippuris vulgaris) bildet auf diese Weise eine Landform.

Noch besser vollzieht sich diese Umstellung bei den ufernahen For-men, die während des ganzen Lebens wenigstens einen Teil ihres Kör-pers mit der Luft in Berührung bringen. Bei den Schwimmpflanzen entstehen an Stelle der schmiegsamen, jeder Wasserbewegung nachge-benden Blätter solche mit eigenem Halt. Die Blattstiele ihrer Ver-landungsformen sind viel kürzer als die der Wasserformen, sie können die Blattspreiten selbst tragen. Schwimmpflanzen mit diesen Fähig-keiten sind der *Wasserknöterich*, die *gelbe* und die *weiße Seerose*.

Gewächse, die sich durch die Ausbildung besonderer Formen auf die beiden Lebensräume Wasser und Luft einstellen können, nennt man *amphibische Pflanzen*. Ihr Standort liegt im allgemeinen zwischen der Hoch- und Niederwassergrenze.

Außer diesen durchweg mehrjährigen amphibischen Pflanzen taucht wäh-rend der Zeit der periodischen Verlandung eine Gesellschaft einjähriger auf, die bei der Kleinheit ihres Körpers den vollständigen Entwicklungs-ablauf in der kurzen Zeit der Trockenlegung vollziehen können. Zu ihnen gehören folgende Arten, die oft große Teile des ausgetrockneten Bodens rasenförmig überziehen: *Nadelbinse* (Heleocharis acicularis), eine beson-dere Form des *Sumpf-Vergißmeinnichts* (Myosotis scorpiodes subsp. cae-spititia), *Schlammkraut* (Limosella aquatica) und *ausländischer Ehrenpreis* (Veronica peregrina). Haben diese Pflanzen bis zur neuen Überflutung reifen Samen erzeugt, dann ist ihr Fortbestand gesichert. Das Wasser ver-wischt bald jede Spur dieser eigentümlichen Gesellschaft.

Übungsarbeiten

A. Am Standort.

    1. Verschaffe dir einen Überblick über die Entstehungsgeschichte eines Flachmoores. Sind noch unmittelbare Zusammenhänge mit

---

Tafel 20. A. *Verlandung des Großen Wooges* in Darmstadt. Am Ufer ein breiter Gürtel von Schilfröhricht. B. *Urwald bei Neuenburg* (Oldenburg). Eiche mit Stechpalmen als Unterholz.

Fliegeraufnahme H. Heil

Aufnahme H. Bley

A

B

Aufnahme H. Heil

einem Gewässer zu erkennen? Welche Anhaltspunkte gibt die
Bodenkarte oder geologische Karte?

2. Welche Pflanzen sind für das Flachmoor typisch? Welche wachsen
auch außerhalb desselben, etwa auf benachbarten Wiesen und
Feldern?

3. In welchen Bestandesformen wachsen die verschiedenen Arten?
(Geschlossene Reinbestände, Einzelpflanzen usw.)

4. Bestimme die Bodentemperaturen im Flachmoor und vergleiche
sie mit den Bodentemperaturen eines benachbarten Ackers und
einer Wiese.

5. Führe dieselben Bestimmungen für die Lufttemperaturen in 20
und 50 cm Höhe über den verschiedenen Böden aus.

B. Im Zimmer.

Untersuche den anatomischen Bau von Wurzel, Stengel und Blatt
einiger Flachmoorpflanzen. Welche Beziehungen bestehen zu den
Standortsfaktoren?

Der Bruch- und Auwald

Zusammensetzung

Auf den trockneren Stellen der Flachmoore siedeln sich verschiedene
Arten von Bäumen an, die mit der Zeit über dem ehemaligen Seeboden
oder an dem verlandenden Ufer der Flüsse dichte Gehölze bilden (Taf. 16).
Jene, die wie Inseln mitten aus der Landschaft ragen, nennt man Bruch-
wälder; sie bedecken das aus dem See hervorgegangene Bruch. An den
Ufern der Flüsse ziehen dagegen oft auf lange Strecken die Auwälder da-
hin, die das Wasser häufig zu beiden Seiten einfassen (Taf. 22).
Als erste baumförmige Besiedler der Flachmoore setzen sich auf den
Seggenbulten die *Erlen* (Alnus glutinosa und incana) fest. Bald folgen verschiedene Weidenarten nach, unter denen die *Silber-Weide* (Salix alba)
(Taf. 21) vorherrscht. Aber noch fehlt der Charakter eines geschlossenen
Waldes. Auf der Weidenau können die einzelstehenden Bäume die Krone
bis in ihr Alter allseitig entfalten. Bald mischen sich andere Bäume dazwischen, wie die *Silber-Pappel* (Populus alba) und die Stiel- oder *Sommer-
eiche* (Quercus pedunculata (= robur)), aus deren hartem Holz die Pfahl-
bauer dereinst ihre Pfähle hieben. Ist der Baumbestand erst einmal etwas
dichter geworden, dann siedelt sich dazwischen Untergehölz in üppiger

87

Fülle an. Dazu gehören die *Feldulme* (Ulmus campestris), die beiden *Weiß-dorn*arten (Crataegus monogyna und oxyacantha), das *Pfaffenhütchen* (Evonymus Europaea), der *Kreuzdorn* (Rhamnus cathartica), der *Faulbaum* (Frangula Alnus), der *Hartriegel* (Cornus sanguinea) und der *Liguster* (Ligustrum vulgare). Die *Waldrebe* (Clematis Vitalba) klettert zwischen dem Gestrüpp in die Höhe und in einzelnen Auwäldern gedeiht sogar eine bodenständige Art der *Weinrebe*, die Wild-Rebe (Vitis vinifera subsp. silvatica).

Die Krautschicht verändert sich gegenüber der des Bruches. An die Stelle der Flachmoorpflanzen treten feuchtigkeitsliebende Schattenpflanzen. Im Frühjahr entfaltet die *zweiblättrige Meerzwiebel* (Scilla bifolia) (Taf. 23, Fig. 1) ihre blauen Blüten. Zu ihr gesellen sich später das *Busch-Windröschen* (Anemone nemorosa) (Taf. 23, Fig. 4), die *Schlüsselblumen*, der *Aronstab* (Arum maculatum) (Taf. 23, Fig. 2), die *vierblättrige Einbeere* (Paris quadrifolius) (Taf. 23, Fig. 5), der *Bärenlauch* (Allium ursinum) (Taf. 23, Fig. 3). Der *Hopfen* (Humulus Lupulus) überzieht die Gebüsche. Am Oberlauf der Flüsse mischen sich einige Gebirgspflanzen hinzu, deren Samen von dem Wasser bergab getragen werden. Dort erscheinen in den Auwäldern der *blaue* und der *gelbe Eisenhut* (Aconitum Napellus und Vulparia (= Lycoctonum)) und die *akeleiblättrige Wiesenraute* (Thalictrum aquilegifolium).

Bau und Leistung wesentlicher Arten

In dem Auwald ist die *Schichtung* besonders stark ausgeprägt. Der zur Verfügung stehende Raum wird vollständig durch ein dichtes, schwer durchdringbares Gewirr von Bäumen, Sträuchern und Kräutern ausgefüllt. Der Auwald setzt sich vornehmlich aus Baumarten zusammen, die eine starke Bodendurchnässung vertragen können. Erlen und Weiden besitzen diese Fähigkeit in hohem Maße. Nadelbäume und Rotbuchen fehlen vollständig. Die Bodenflora besteht hauptsächlich aus *Frühlingsblühern*, die vor der Entfaltung der mächtigen Laubmassen die größtmöglichste Lichtmenge ausnutzen. Zur schnellen Entwicklung halten sie ihre Nährstoffe in Zwiebeln (Scilla, Allium), fleischigen Knollen (Arum) oder Wurzelstöcken (Paris, Primula) bereit. Wird es im Sommer am Boden des Auwaldes dunkler, dann verarmt die Krautschicht und die *Lianen*, d. h. die Schling- und Kletterpflanzen, versuchen den unwirtlichen Schichten zu entfliehen und dem Lichte zuzustreben.

Tafel 22. *Auwald zu beiden Seiten der Iller bei Immenstadt.* Im Hintergrund angepflanzter Nadelwald.

Aufnahme H. Heil

Standortsfaktoren

Zu Beginn der Auwaldbildung herrschen im wesentlichen die gleichen Standortsfaktoren wie im Flachmoor. Ein Unterschied besteht diesem gegenüber in der geringeren *Bodenfeuchtigkeit.* Da die Durchfeuchtung des Auwaldbodens zum größten Teil von den Wasserverhältnissen des vorbeiziehenden Flusses abhängig ist, treten während der Hochwasserzeiten häufig Überschwemmungen ein, bei denen die Bäume mit Stamm und Zweigen unter Wasser geraten. Der Bruchwald ist dagegen keinen Überschwemmungen ausgesetzt, seine Feuchtigkeit hängt lediglich vom Grundwasser ab.

Mit jeder Überflutung gelangt eine Menge von *Nährstoffen* in den Auwald, die das abziehende Flußwasser zurückläßt. Das Grundwasser bringt von unten gelöste Bodensalze in die von den Pflanzenwurzeln durchzogenen Schichten. Der Boden des Auwaldes ist ebenso durch Nährstoffreichtum ausgezeichnet wie der des Flachmoores.

Ganz verschieden gegenüber dem offenen Ried oder dem Bruch verhält sich der Standort in bezug auf das *Licht.* Die mehrfach geschichtete, üppige Vegetation bedingt eine rasche Abnahme der Lichtstärke von den Baumkronen nach der Bodenschicht.

Die Temperatur ist besonders im Sommer durch die starke Wasserverdunstung und die Verhinderung der direkten Bestrahlung verhältnismäßig niedrig.

Beziehungen zwischen Pflanzen und Umgebung

Auch bei dem Auwald kommen die Wechselbeziehungen zwischen Pflanzengesellschaft und Umgebung sehr deutlich zum Ausdruck. Er kann nur dann entstehen, wenn ganz gewisse Vorbedingungen erfüllt sind. Der Boden des Flachmoores oder eines Ufers muß wenigstens an einzelnen Stellen jenen Grad von Bodendurchlüftung aufweisen, der den Bäumen die Wurzelatmung und damit die Ansiedlung ermöglicht. Von diesen verträgt nur eine bestimmte Anzahl von Arten größere Bodennässe, die dadurch zur Auwaldbildung besonders befähigt sind. So entsteht eine ganz charakteristische und sich überall wiederholende Zusammensetzung dieser eigenartigen Formation.

Ist erst einmal ein waldartiger Zusammenschluß erfolgt, dann kehrt sich das Wirkungsverhältnis um. Die Vegetation schafft nunmehr andere Standortsbedingungen. Die neue Lebensgemeinschaft weist alle Eigentümlichkeiten auf, die wir schon bei der Betrachtung der Wälder kennengelernt haben. Darüber hinaus verfügt der Auwald über einen Nährstoffreichtum, der sich ständig ergänzt und ihm die Grundlage für eine reiche Entwicklung seiner Mitglieder gibt.

Die Au- und Bruchwälder können lange Zeit hindurch bestehen bleiben. Einer der größten Erlenbrüche ist der Spreewald. In Oldenburg haben sich aus Bruchwäldern nach dem Rückgang der Bodennässe gewaltige Eichenwälder entwickelt, die jetzt als Urwälder unter Schutz stehen (Taf. 20 B). In ihrem Unterholz tritt besonders die Stechpalme (Ilex Aquifolium) hervor.

Übungsarbeiten

Am Standort.

1. Stelle die Auwaldpflanzen nach ihren Lebensformen in Gruppen zusammen (Bäume, Sträucher, Lianen, mehrjährige Kräuter, einjährige Kräuter, niedere Pflanzen).
2. Beobachte die Einwirkung des Flusses auf die Vegetation des Auwaldes in den ufernahen und uferfernen Teilen.
3. Miß die Temperaturen und Verdunstungskräfte in verschiedenen Höhen über dem Boden im Auwald und vergleiche sie mit denen benachbarter Pflanzenvereine.
4. Lege dir eine Blattsammlung von sämtlichen Gehölzen des Auwaldes an.

Die Pflanzengesellschaften des Hochmoores

Zusammensetzung

Hochmoore kann man an sehr verschiedenen Stellen antreffen. Im Tiefland wölben sie sich schwach polsterförmig über die Ebene, und im Gebirge bedecken sie oft die langgezogenen Bergrücken (Taf. 24 A). Kleine Wasserlöcher, die Schlenken, unterbrechen die einförmige Oberfläche. In den Rillen (Taf. 25) rinnt das überflüssige Wasser hinab zu dem Lagg, das die Wölbung des Hochmoores als kranzförmige Rinne umgibt.

Schon von weitem fällt die Baumlosigkeit und der Mangel an höheren Sträuchern auf dem Hochmoor ins Auge. Nur die Ränder sind hin und wieder durch Gruppen oder zusammenhängende, gürtelförmige Streifen von Gesträuchen hervorgehoben. Sie bestehen in der Hauptsache aus

Tafel 24. A. *Rotes Moor in der Rhön.* Blick nach Süden. B. *Wollgras-Bulten im Roten Moor* (Rhön).

A

B

Aufnahme H. Heil

Tafel 25. *Wasser-Rille im Roten Moor* (Rhön). Im Vordergrund ein Bestand der Rauschbeere.

Aufnahme H. Heil

Birken (Betula verrucosa) mit einer nahen Verwandten, der *Moor-Birke* (Betula pubescens) (Taf. 28). Die Hochmoor-*Weiden* (Salix aurita und Salix repens) sind so niedrig, daß man sie leicht übersieht. Als einziges Nadelholz gedeiht auf manchen Hochmooren die anspruchslose *Kiefer* (Pinus silvestris) (Taf. 14, Fig. 1).

Die Pflanze, die den Charakter der Hochmoorvegetation bestimmt, ist das *Torfmoos* (Sphagnum) (Taf. 26, Fig. 8). Es überzieht in einer großen Anzahl von Arten als lückenlose Decke weite Flächen des Moores und bildet den eigentlichen Boden für die übrigen Hochmoorpflanzen. Zwischen dem Torfmoos wachsen die 4 Arten des insektenverdauenden *Sonnentaues* (Drosera) (Taf. 26, Fig. 6), die lederblättrigen Heidekrautgewächse *Rosmarinheide* (Andromeda polifolia) (Taf. 26, Fig. 5) und *Moosbeere* (Oxycoccus quadripetalus (= Vaccinium oxycoccus)) (Taf. 26, Fig. 9), die *Rauschbeere* (Vaccinium uliginosum) (Taf. 25 u. 26, Fig. 3), die *Glockenheide* (Erica Tetralix) (Taf. 26, Fig. 4) und an trockneren Stellen das *Heidekraut* (Calluna vulgaris) (Taf. 30, Fig. 1). Eine andere Gruppe von Pflanzen hat gras- und binsenförmiges Aussehen, obgleich sie zum größten Teil nicht in diese Verwandtschaft gehören. Die Hochmoorseggen sind gegenüber ihren Verwandten im Flachmoor sehr zierlich und klein, so z. B. die *armblütige Segge* (Carex pauciflora), die *Floh-Segge* (Carex pulicaris) und die ähnliche Carex Davalliana. Die Wollgrasarten sind mit weißen Samenhaaren geziert; das *scheidige Wollgras* (Eriophorum vaginatum) (Taf. 26, Fig. 1) kommt nur auf dem Hochmoor vor, wo es weite Flächen mit Bulten bedeckt (Taf. 24 B), während seine Verwandte (Eriophorum polystachyon) auch im Flachmoor wächst. Typische Hochmoorpflanzen, die allerdings durch ihre Unauffälligkeit leicht übersehen werden, sind die *Sumpf-Binsenblume* (Scheuchzeria palustris), die *weiße Schnabelbinse* (Rhynchospora alba) (Taf. 26, Fig. 7), das *Rasen-Haargras* (Scirpus caespitosus (= Trichophorum caespitosum)) (Taf. 26, Fig. 2).

Das Hochmoor hat mit dem Flachmoor außer der genannten Wollgrasart noch andere Pflanzen gemeinsam. Auffälligere Arten sind das *Sumpf-Blutauge* (Comarum palustre), der *Bitterklee* (Menyanthes trifoliata) und die sich durch gefangene Kleintiere ernährenden Arten des *Fettkrautes* (Pinguicula vulgaris) und des in den Schlenken lebenden *Wasserschlauches* (Utricularia) (Taf. 17, Fig. 7).

Bau und Leistung wesentlicher Arten

Die Mehrzahl der Hochmoorpflanzen zeichnet sich durch ihre *Kleinheit* aus. Die Stengel sind mitunter haardünn wie bei der Moosbeere, die Blätter schmal, ja oft schuppen- oder nadelförmig wie bei den Heidekräutern. Bei vielen Arten herrscht die Tracht der Binsen mit ihren stielrunden Blättern vor. Einige Pflanzen mit mehr flächenförmigen Blättern können ihre Oberfläche durch Zusammenfalten oder Einrollen der Blattflächen verkleinern.

Die *Kutikula* ist oft verhältnismäßig dick ausgebildet und die Innenteile der Gewebe neigen zu starker *Verholzung* wie bei den heidekrautartigen Pflanzen.

Ganz anders sind dagegen die Arten gebaut, die von *tierischer Nahrung* leben. Im Gegensatz zu den vorhin betrachteten Formen sind sie weich und dünnhäutig. Ihre Blätter haben merkwürdige Fangorgane. Der Sonnentau besitzt nach außen ragende, langgestielte Drüsen. Die knopfförmigen Enden scheiden eine zähe, klebrige Flüssigkeit ab, die in der Sonne wie Tau glitzert. Fliegt ein Insekt auf dieses Blatt, so wird es von dem klebenden Sekret festgehalten. Je mehr Anstrengungen es macht, sich zu befreien, desto schneller legen sich die in der Nähe stehenden, gereizten Leimruten über das Opfer, das sich immer mehr mit der erstickenden Ausscheidung überzieht. Nachdem sein Protoplasma von dem magensaftähnlichen Drüsensekret verdaut ist, bleibt nur noch der Chitinpanzer übrig. Büsgen hat zeigen können, daß Sonnentaupflanzen, die mit Fleisch gefüttert wurden, die dreifache Blütenanzahl, die fünffache Anzahl der Fruchtkapseln und das doppelte Trockengewicht besaßen von solchen, die während ihres ganzen Lebens nie Fleisch bekommen hatten. Das Fettkraut mit seinen langgespornten veilchenähnlichen Blüten hat an Stelle der langen Fangarme kurze, mit dem bloßen Auge gerade noch sichtbare Drüsen, die das bleichgrüne Blatt dicht überziehen. Ganz anders ist der Wasserschlauch eingerichtet. Bei dieser untergetauchten, feinlaubigen Wasserpflanze sind gewisse Blätter zu blasigen Gehäusen umgebildet, die an ihrer Mündung eine regelrechte Sperrklappe tragen. Kleine Wassertierchen, wie wasserflohähnliche Krebschen, schlüpfen in die Höhlung hinein, können aber nicht mehr heraus, weil sich die Falltür von innen an den etwas kleineren Türrahmen festpreßt.

Viel einfacher als diese für den Tierfang ganz besonders ausgestalteten Formen ist das Torfmoos gebaut (Taf. 27). Die Gewebe sind bei ihm, als einer niederen Pflanze, noch nicht so verschiedenartig für die mannig-

---

Tafel 26. *Hochmoorpflanzen.* 1. Wollgras (Eriophorum vaginatum) grau, 2. Rasen-Haargras (Trichophorum caespitosum) braun, 3. Rauschbeere (Vaccinium uliginosum) Frucht blauschwarz, 3a) Blüte weiß bis rötlich, 4. Glockenheide (Erica Tetralix) rosa, 5. Rosmarinheide (Andromeda polifolia) hellrosa, 6. Sonnentau (Drosera rotundifolia) weiß, 7. Weiße Schnabelbinse (Rhynchospora alba) weiß, 8. Torfmoos (Sphagnum), 9. Moosbeere (Oxycoccus quadripetalus) rosa.

Tafel 27. A. *Einzelnes Blatt vom Torfmoos*. Vergrößerung 20 fach. B. *Stück aus einem Torfmoosblatt*. Vergrößerung 600 fach. Das ganze Blatt ist etwa 11 mal so breit wie der dargestellte Ausschnitt. *gr* blattgrünhaltige lebende Zellen, *w* wasseraufnehmende tote Zellen, *p* Poren.

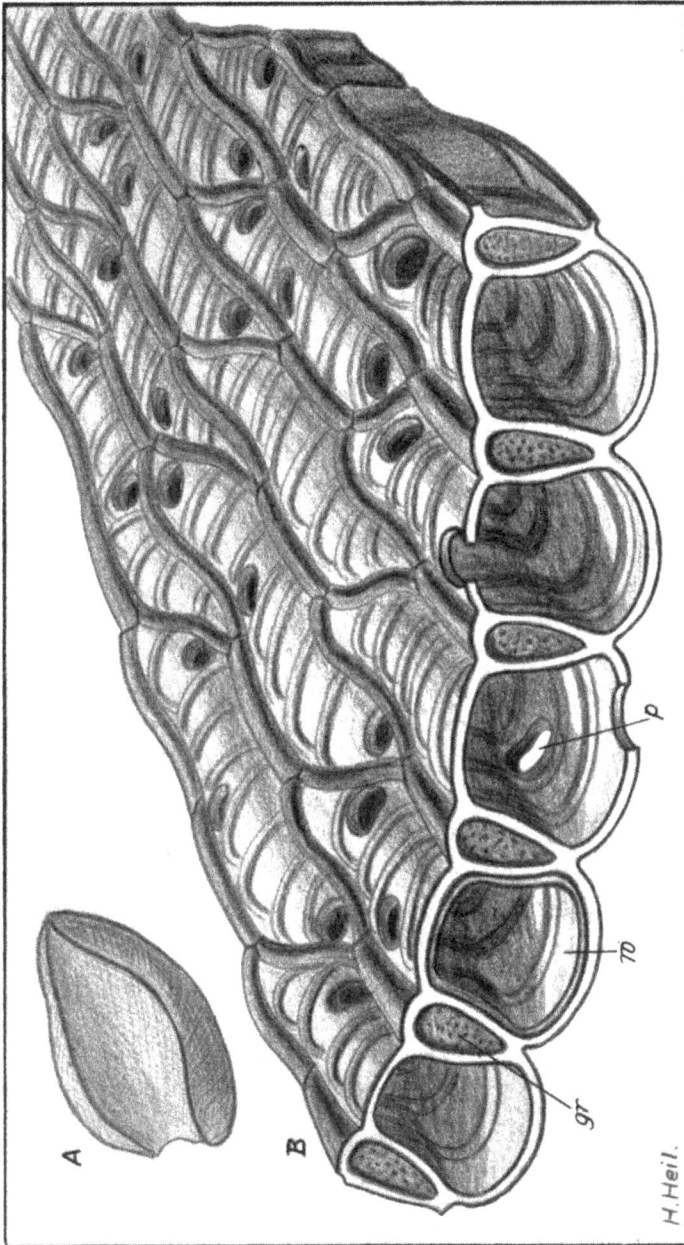

faltigen Aufgaben entwickelt wie bei den höheren Gewächsen. Die Blätter des Torfmooses bestehen aus zweierlei Zellen. Die einen sind schmal, dicht mit Chlorophyllkörnern erfüllt und bilden ein Netzwerk. Es sind die assimilierenden Ernährungszellen der Pflanze. Die Maschen dieses grünen Netzes werden von größeren glasklaren Zellen ausgefüllt. Diese sind tot, nur die Wand ist übriggeblieben, die gegen das Zusammenfallen und den Druck der benachbarten lebendigen Zellen durch spangenförmige Leisten ausgesteift ist. Gerade diese Zellen sind für die Torfmoospflanzen lebenswichtig, ja, nur durch sie ist die Erhaltung des Hochmoores möglich. Sie stellen in ihrer millionenfachen Anzahl das *Wasserreservoir* des Hochmoores dar. In jedem dieser Kämmerchen sind Löcher, durch die das Wasser eindringen und die Luft ausströmen kann. Dadurch vermag sich das Torfmoos vollzusaugen wie ein Schwamm, bis es das Zwanzigfache seines Trockengewichtes erreicht. An der Außenseite des Stämmchens trägt es ebenfalls wasseraufsaugende Zellen von etwas anderer Gestalt. Wenn das Gewebe des Torfmooses mit Wasser vollgefüllt ist, sieht die Pflanze leuchtend grün aus. Manche Arten röten sich bei greller Sonnenbestrahlung. Verdunstet nach und nach das Wasser aus den kleinen Blasen, dann tritt Luft an seine Stelle und das Gewebe nimmt gleich einem Schaum weißliche Färbung an. Eine ähnliche Einrichtung besitzt das Weißmoos (Leucobryum glaucum), das in unseren Wäldern runde Polster bildet.

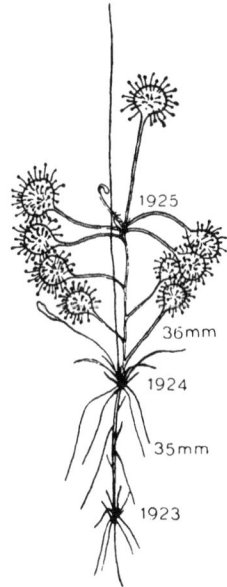

Abb. 24. *Sonnentaupflanze*, die zwischen den Jahren 1923 und 1925 ihre Blattrosette jährlich um je ungefähr $3\frac{1}{2}$ cm nach oben verlegt hat. Nach Bertsch.

So verschieden diese einzelnen Hochmoorpflanzen gebaut sein mögen, so haben sie doch ein gemeinsames Merkmal: sie sind alle *mehrjährig*.

Die Torfmoosdecke stellt den Boden für die übrigen Hochmoorpflanzen dar. Aber dieser Boden bedeutet für die Gewächse eine gewisse Gefahr, denn durch das stete Längenwachstum der Torfmoose werden die Blütenpflanzen von unten her immer weiter umschlossen, so daß ihnen allmählich Luft und Licht entzogen wird. Die Pflanzen entrinnen dem Erstickungstod dadurch, daß sie ihre Sprosse nach oben verlängern und die allmählich zu tiefliegenden Wurzeln durch solche ersetzen, die weiter oben am Stengel neu gebildet werden. Auf diese Weise kommt der stockwerk-

93

artige Aufbau zustande, der besonders gut am Sonnentau (Abb. 24), aber auch an anderen Pflanzen wie am Wollgras zu sehen ist.

Standortsfaktoren

Bei der ungeschützten Lage der Hochmoore wirken die klimatischen Faktoren ungehindert ein.

Die Hochmoorpflanzen sind der vollen *Bestrahlung* ausgesetzt. Im Sommer nehmen sie hohe Temperaturen an, die sich den bodennahen Luftschichten mitteilt, so daß der Standort hohe sommerliche Wärme aufweist.

Der *Wind* fegt ohne Hemmung über die weiten, baumlosen Flächen und verursacht erhöhte Verdunstung.

Die *Niederschläge* fallen in den Hochmoorgebieten so reichlich, daß ihre Menge die Menge des verdunstenden Wassers überwiegt. Ein solches Klima nennt man humid, im Gegensatz zu dem ariden, bei dem mehr Wasser verdunsten könnte, als durch Niederschläge zugeführt wird. Die Hochmoore sind allein von dem atmosphärischen Wasser abhängig, da sie durch ihre meist hohe Lage weit über dem Grundwasserspiegel liegen. Außerdem sind sie oft durch eine zusammengepreßte, für Wasser schwer durchlässige Zwischenlage von ihm abgeschlossen.

Aus diesen besonderen Bewässerungsverhältnissen ergeben sich die Eigenschaften des *Bodens*. Das Hochmoor besitzt keine mineralischen Bestandteile aus dem in der Tiefe liegenden Untergrund. Die abgestorbenen Pflanzenteile bilden unter der lebenden Decke bei Luftabschluß den Torf. Durch die Absperrung des unter Umständen salzreichen Grundwassers und die alleinige Durchfeuchtung durch salzloses Regenwasser ist der Hochmoorboden äußerst nährstoffarm. Bei dem Mangel an mineralischen Bestandteilen haben die während der Zersetzung der Pflanzen entstehenden Humussäuren keine Gelegenheit, sich zu binden. Sie wirken frei und verleihen sowohl dem Boden als auch dem Wasser den für das Hochmoor eigentümlichen sauren Charakter.

Beziehungen zwischen Pflanzen und Umgebung

Zur Entstehung eines Hochmoores müssen bestimmte Außenbedingungen vorhanden sein. Das Torfmoos, also der Grundbestandteil der Vegetation kann nur auf nährstoffarmen, vor allem kalkfreien Unterlagen gedeihen. Geeignete Orte für Torfmoosbesiedlung sind zusammengepreßte Bruchwaldböden, die kein Grundwasser nach oben durchlassen, so daß die Bäume allmählich absterben, außerdem versumpfende Gebirgswälder, in deren Grund die Baumwurzeln ersticken, unfruchtbare Sandböden und

quellige Stellen in Sandsteingebieten. Eine weitere Entwicklung der Torf-
moosanflüge ist aber nur möglich, wenn die Niederschläge auf die Dauer
genügen, also im humiden Klima.
Vorübergehende klimatische Trockenheit wird durch das von dem Torfmoos aufgespeicherte Wasser ausgeglichen. Den übrigen Hochmoorpflanzen steht hierdurch eine gleichmäßige Wasserquelle zur Verfügung.
Zudem sind viele von ihnen durch dicke Wachsüberzüge und Einschränkung der verdunstenden Blattflächen vor zu starker Wasserabgabe geschützt.
Wenn sich das Torfmoos infolge der günstigen Standortsbedingungen soweit ausgebreitet hat, daß es das Bild der Landschaft bestimmt, dann beginnt die Rückwirkung von dem Hochmoor auf die Standortsfaktoren.
Die Nährstoffarmut des Bodens nimmt mit der ständigen Verdickung der
Torfmoosschichten zu. Nur kleinen Pflanzen, die wenig Nährstoff brauchen, ist die Entwicklung auf dem Moore möglich. Damit hängt zum Teil
auch der Mangel an Bäumen zusammen, der aber noch eine weitere Ursache hat. Die tiefgehenden Baumwurzeln sind viel empfindlicher gegen
Bodendurchnässung, d. h. gegen schlechte Durchlüftung als die Wurzeln
der kleineren Pflanzen, die dicht unter der Bodenoberfläche liegen. Das
Absterben der Bäume kann man besonders deutlich an den Rändern
der Moore beobachten (Taf. 28).

Die Bedeutung der Wasserstoffionenkonzentration

Der Boden der Hochmoore hat durch freie Humussäuren sauren Charakter. Übergießt man ihn mit reinem Wasser und schüttet nach einiger
Zeit die Aufschwemmung auf ein Filter, so kann man den durch das Filter
gelaufenen klaren, wässerigen Bodenauszug auf sein chemisches Verhalten
prüfen. Bringt man etwas Lackmuslösung dazu, wird diese wie durch jede
andere Säure gerötet. Stellt man denselben Versuch mit einem kalkhaltigen Boden an, dann wird im allgemeinen die Farbe des zugebrachten
Indikators nicht verändert. Der wässerige Auszug verhält sich wie der
Boden selbst neutral. In seltenen Fällen können gewisse Böden auch alkalisch reagieren, sie bläuen dann den Lackmus. Versucht man das Torfmoos auf einem neutralen oder gar alkalischen Boden zu ziehen, dann
stirbt es trotz genügender Feuchtigkeit und ausreichendem Licht nach
einiger Zeit ab. Ebenso erginge es der Heidelbeere. Setzt man dagegen
den Huflattich in einen Boden, auf dem die Heidelbeere gut gedeiht und
gibt ihm sonst alles an Außenbedingungen, was er an seinem natürlichen
Standort vorfindet, dann kränkelt er doch und geht schließlich ein. Gut
gedeiht er dagegen auf neutralem bis schwach alkalischem Boden. Die

Möglichkeit des Gedeihens und Wohlbefindens der Pflanzen hängt also auch von dem Säuregrad des Bodens, seiner Azidität, ab. Die *Azidität* ist demnach ein wesentlicher Standortsfaktor. Die Pflanzen sind mitunter so empfindlich gegen Säureschwankungen, daß sie nicht nur an irgendeinen sauren, neutralen oder alkalischen Zustand des Bodens gebunden sind, sondern nur bei einem ganz bestimmten Säuregrad ihren Haushalt aufrechterhalten können. Es kommt deshalb bei ökologischen Untersuchungen darauf an, den Zusammenhang zwischen der Bodenazidität und der Pflanze oder Pflanzengesellschaft zu ergründen. Dazu sind Verfahren notwendig, mit deren Hilfe man die Stärke der Bodenreaktion in ihren feinen Abstufungen genauer untersuchen kann als mit Lackmus.

Die Voraussetzung für das Verständnis solcher Verfahren ist die Beschäftigung mit dem Wesen der Azidität. Bringt man eine Säure in Wasser, so zerfällt eine Anzahl ihrer Moleküle in Ionen, und zwar in Wasserstoffionen, die jeder Säure eigen sind, und in Säurerestionen. Man nennt die in Ionen aufgespaltenen Säuremoleküle dissoziiert.

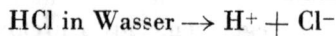

$$HCl \text{ in Wasser} \rightarrow H^+ + Cl^-$$

Ein anderer Teil der Säure bleibt dagegen im Molekülzustand. Die Säure ist durch das Wasser also nur zum Teil dissoziiert. Da das Wasserstoffion der Anteil ist, der einer Säure ihre allgemeinen Eigenschaften verleiht, hängt ihre chemische Wirkung von der Stärke ihrer Dissoziationsfähigkeit ab. Die Menge der freien H-Ionen ist somit ein Maß für die Stärke einer Säure. Wie können wir diese Menge bestimmen?

Bringt man zu einer Säure eine Lauge, die sich stets durch das Vorhandensein von OH-Ionen auszeichnet, so verbinden sich diese mit den freien H-Ionen der Säure zu Wasser.

$$H + OH^- \rightarrow H_2O$$

Sind alle H-Ionen zur Wasserbildung verbraucht und noch keine OH-Ionen im Überschuß vorhanden, muß sich die Flüssigkeit neutral verhalten, was durch einen Indikator festgestellt werden kann. Ist die Stärke der zugesetzten Lauge bekannt, dann gibt ihre verbrauchte Menge Auskunft über die unbekannte Stärke der Säure. Hierauf beruht die Arbeitsweise der Titration, die in der Chemie für maßanalytische Zwecke Verwendung findet.

Tafel 28. *Absterbende Moor-Birken im Schwarzen Moor* (Rhön).

Aufnahme H. Heil

Dieses Verfahren können wir für unsere Untersuchungen nicht gebrauchen. Wie wir gehört haben, sind in der mit Wasser versetzten Säure außer den Ionen noch undissoziierte Moleküle. Für die durch die OH-Ionen der zugegebenen Lauge weggefangenen H-Ionen der Säure tritt bis zu einem gewissen Grade ein Ersatz dadurch ein, daß sich undissoziierte Säuremoleküle spalten und neue H-Ionen in die Lösung schicken. Um auch diese zu binden, d. h. den neutralen Zustand der Flüssigkeit zu erreichen, müssen wiederum neue OH-Ionen hinzugebracht werden. Durch dieses Wechselspiel wird zur vollständigen und bleibenden Neutralisation mehr Lauge verbraucht, als der Anzahl der ursprünglich freien H-Ionen entspricht. Durch die Titration wird also die Gesamtmenge der Säure erfaßt. Dieses Verfahren gibt uns keine Auskunft über die jeweilige Menge der gerade in einer Lösung befindlichen freien H-Ionen. Auf die Pflanzen wirkt aber nur die *aktive Azidität* des Bodens oder der Bodenlösung ein, die durch die Anzahl der in der unveränderten Lösung wirklich vorhandenen Wasserstoffionen bestimmt wird. Wir brauchen demnach Verfahren, mit denen wir die am Anfang vorhandene Menge der H-Ionen ermitteln können, ohne daß eine Nachdissoziierung eintritt.

Zur Bestimmung der jeweiligen Wasserstoffionenkonzentration können wir die Tatsache verwenden, daß allein die in einer Lösung befindlichen Ionen die elektrische Leitfähigkeit der Lösung bedingen. Je mehr Ionen, desto größere elektrische Leitfähigkeit, je weniger Ionen, desto größer ist der Widerstand, den die Flüssigkeit einem hindurchgeschickten elektrischen Strom entgegensetzt. Man kann also aus dem Spannungsabfall, den ein Strom von bekannter Größe erleidet, direkt auf die Ionenkonzentration einer in den Stromkreis geschalteten Lösung schließen. Um dabei allein die H-Ionen zu erfassen, müssen wir als Elektroden, d. h. als Verbindung zwischen der Flüssigkeit und dem übrigen Stromkreis, den Wasserstoff wählen. Das ist möglich, wenn man ihn unter geeigneten Umständen von der Oberfläche eines Platinbleches aufnehmen läßt. Zur Ausführung der *elektrometrischen Bestimmung* der Wasserstoffionenkonzentration gehören empfindliche Einrichtungen, die bei geeigneter Behandlung sehr genaue Ergebnisse liefern.

Ein anderer Weg ist uns grundsätzlich schon bekannt. Zur Messung wird die Farbänderung eines Indikators benutzt. Außer Lackmus gibt es noch eine große Reihe anderer Indikatoren, die ihre Farbe bei ganz verschiedenen Aziditätsgraden ändern. Lackmus schlägt von rot nach blau um, wenn etwa alle H-Ionen gebunden, aber noch keine freien OH-Ionen in der Lösung sind, wenn also die Lösung weder sauer noch alkalisch, sondern neutral ist. Andere Indikatoren wechseln ihre Farbe dagegen, wenn

97

die Lösung entweder eine bestimmte H- oder OH-Ionenkonzentration hat. Dabei liegt der Umschlag für jeden Indikator bei einer ganz bestimmten Konzentration. Wir brauchen demnach bei der *kolorimetrischen Bestimmung* eine Lösung nur mit einer Reihe von verschiedenen Indikatoren zu untersuchen, um festzustellen, ob sie eine starke oder schwache Wasserstoffionenkonzentration aufweist. Man hat diese Methode noch mehr vereinfacht, indem man ein geeignetes Gemisch von verschiedenen Indikatoren herstellt, um die Untersuchung nur einmal ausführen zu müssen. Aus einer dazugehörigen Farbentabelle kann man die Stärke der Wasserstoffionenkonzentration durch den Vergleich mit dem durch die Untersuchungslösung hervorgerufenen Farbton des Indikators ermitteln. Für angenäherte Untersuchungen und ungefärbte Lösungen genügen solche Indikatorengemische, wie der von Merck in den Handel gebrachte „Universal-Indikator" in vielen Fällen.

Für die durch die bestimmten Farbtöne der Indikatoren angezeigten Werte der Wasserstoffionenkonzentration brauchen wir zur Verständigung zahlenmäßige Ausdrücke. Folgende Überlegung zeigt, wie wir zu solchen kommen.

Durch elektrochemische Messungen kann man feststellen, daß auch die Moleküle des Wassers zum Teil dissoziiert, also in H- und OH-Ionen aufgespalten sind. Allerdings ist die Stärke dieser Dissoziation außerordentlich gering; sie wird von der Temperatur beeinflußt. Man kann sie zahlenmäßig ermitteln und gibt ihren Wert als einen Bruchteil der Grammäquivalente an. Er beträgt für das Produkt der H- und OH-Ionen in einem Liter chemisch reinem Wasser von 22^0 C 10^{-14}. Da der dissoziierte Anteil des Wassers der Zahl nach aber nur in gleiche Teile von H- und OH-Ionen gespalten sein kann, so läßt sich in dem Produkt OH durch H ersetzen, ohne an dem Zahlenwert etwas zu ändern. Auf Grund der Gleichung $H \cdot H = 10^{-14}$ ergibt sich für H der Wert $\sqrt{10^{-14}}$ oder 10^{-7}. In dem vollständig neutralen Wasser wäre demnach die *Wasserstoffzahl* $10^{-7} = \frac{1}{100000000}$. In sauren Flüssigkeiten muß die Zahl der Wasserstoffionen über die der OH-Ionen überwiegen, die Wasserstoffzahl wird also größer (z. B. 10^{-3}). Für alkalische Lösungen wird die Wasserstoffzahl umgekehrt kleiner (z. B. 10^{-9}). Wir erhalten eine Reihe von Wasserstoffzahlen, wie das in der nachfolgenden Tabelle zum Ausdruck kommt. Selbstverständlich liegen zwischen den Werten mit ganzzahligen Exponenten noch Zwischenwerte wie z. B. $10^{-4,723}$. Zur Vereinfachung der Schreibweise genügt es nach dem Vorschlag von Soerensen, den negativen Wert des Exponenten der stets konstanten Basis 10 allein anzugeben. Man erhält hierdurch eine positive einfache Zahl und bezeichnet diese als den *Wasserstoffexponenten* oder abgekürzt pH.

Reaktion	stark sauer	schwach sauer	neutral	schwach alkalisch	stark alkalisch
Wasserstoffzahl	10^{-1} 10^{-2} 10^{-3}	10^{-1} 10^{-5} 10^{-6}	10^{-7}	10^{-8} 10^{-9} 10^{-10}	10^{-11} 10^{-12} 10^{-13}
Wasserstoffexponent pH	1 2 3	4 5 6	7	8 9 10	11 12 13

Bestimmte Bodenarten haben bestimmte, ihnen eigene pH-Werte. Die Mehrzahl der Blütenpflanzen kann nur innerhalb der Spanne von pH = 3 bis pH = 9 gedeihen. Während viele Pflanzen gegen pH-Änderungen innerhalb weiter Grenzen gar nicht empfindlich sind, wie der Löwenzahn (6,1 bis 9), liegen bei anderen diese Grenzen so enge beieinander, daß man aus dem Vorhandensein der Pflanze auf einen ganz bestimmten pH-Wert des Bodens schließen kann. In der folgenden Tabelle sind einige solcher *Indikatorpflanzen*, wie sie Olsen angibt, aufgeführt. Die übrigen Angaben entstammen Stocklasa.

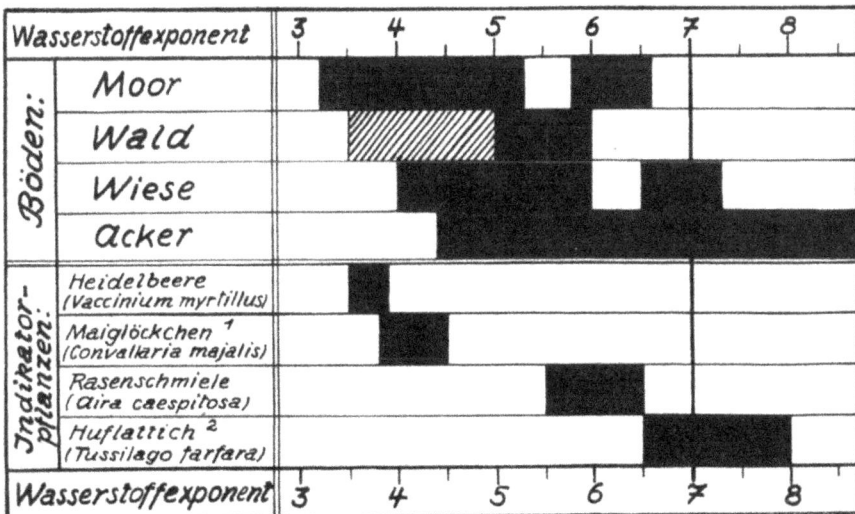

Abb. 25. *pH-Werte verschiedener Böden* (schraffierter Bereich für vereinzelte besonders saure Waldböden) und *pH-Spanne für einige empfindlichere Pflanzen.*

Damit haben wir Methoden und Maßzahlen gefunden, mit deren Hilfe wir bei unseren ökologischen Untersuchungen den Grad der aktiven Azidität eines Bodens, eines Gewässers oder eines sonstigen Stoffes, der im Haushalt der Pflanze eine Rolle spielt, bestimmen und festlegen können.

Übungsarbeiten

A. Am Standort.

1. Wie ist das aufgesuchte Hochmoor wahrscheinlich entstanden?
2. Lerne zwischen bodenständigen Hochmoorpflanzen und zufälligen Beimischlingen unterscheiden. Jene gedeihen nur auf dem Hochmoor, während diese auch an anderen Standorten zu finden sind.
3. Nimm vorsichtig verschiedene Arten von Hochmoorpflanzen, die in großer Menge vorhanden sind, aus dem Boden und betrachte ihre Wurzeln. Vergleiche das Größenverhältnis zwischen Wurzel und Sproß.
4. Beobachte das Verhalten der insektenfressenden Pflanzen am Standort.
5. Stelle mit einem Indikator (z. B. Mercks „Universal-Indikator") den pH-Wert des Torfwassers (Wasser aus Schlenken oder aus Torfmoospolstern ausgepreßt) fest, soweit es keine Eigenfarbe hat. Ermittle zum Vergleich pH-Werte von Böden anderer Standorte (Wald, Wiese, Feld, Garten, Blumentopf). Hierzu übergießt man in einem Gefäß aus Jenaer Neutralglas eine frisch genommene Erdprobe mit der 2,5 fachen Menge destillierten Wassers und schüttelt öfter um. Die Aufschwemmung bleibt über Nacht stehen. Nach dem Filtrieren erhält man in den meisten Fällen eine wasserklare Bodenlösung, die die Wasserstoffionenkonzentration des Bodens angenommen hat; sie kann ohne weiteres mit dem Indikator bestimmt werden. In gewöhnlichen Gläsern erhält man durch die Abgabe von Alkali aus dem Glas in die zu bestimmende Lösung falsche Werte.
6. Lege Listen von Standorten mit verschiedenen pH-Werten und den dazu gehörigen Pflanzengesellschaften an. Welchen Pflanzen sind Standorte mit verschiedener Bodenazidität gemeinsam, welche beschränken sich auf bestimmte pH-Bereiche.

B. Im Zimmer.

1. Vergleiche das Gewicht eines mit Wasser vollgesogenen Torfmoospolsters mit seinem Gewicht im lufttrockenen Zustand. Vergleiche

---

Tafel 29. *Heidetal bei Wilsede.* Aus dem Naturschutzgebiet der Lüneburger Heide.

Aufnahme H. Heil

das gefundene Gewichtsverhältnis mit solchen für andere Pflanzen (s. S. 23: 4.).

2. Untersuche das Torfmoos mit dem Mikroskop. Betrachte das Blatt und den Stengel in der Aufsicht und im Querschnitt.

3. Betrachte Querschnitte anderer Hochmoorpflanzen unter dem Mikroskop. An welche ökologische Typen erinnern diese Pflanzen in ihrer Bauart?

4. Sieh dir die Fangorgane des Sonnentaublattes unter dem Mikroskop an. Warum kann man diese nicht als Haare bezeichnen?

Die Heide

Zusammensetzung

Das Wort Heide weckt in uns die Vorstellung von jener sanft welligen und hügeligen Landschaft bei Lüneburg (Taf. 29) oder im Oldenburgischen, die einen eigenen Reiz auf Dichter und Maler ausübt und deren schönste Teile bei Wilsede (südwestlich von Lüneburg) unter Naturschutz gestellt sind. Man hat den Begriff Heide von der Landschaft auf die Pflanzengesellschaften übertragen, die die Eigenart jener Gegenden bestimmen. Ja, man versteht unter Heide sogar bestimmte Pflanzenarten und unterscheidet eine Besenheide, eine Schneeheide, eine Glockenheide und noch andere. Früher haben wir (S. 48) erfahren, daß auch Pflanzengesellschaften von vollständig anderem Gepräge und Standorten als (Steppen-)Heiden bezeichnet werden.

Wenn der Begriff Heide sogar bei den Pflanzengeographen nicht eindeutig festliegt, so wird er vom Volke erst recht für ganz verschiedene Pflanzengesellschaften angewandt. Die Dresdener Heide besteht vornehmlich aus Wald, unterscheidet sich also von der Lüneburger wesentlich. Um diese Verschiedenheiten zu verstehen, müssen wir nach der ursprünglichen Bedeutung des Wortes suchen. Heide hängt zusammen mit heien, was wachsen bedeutet. Ursprünglich bezeichnete man als Heide das Gebiet, auf dem der Mensch alles wachsen ließ, was sich von Natur aus ansiedelte: das er nicht bebaute. Später verstand man unter Heide das Land, das der Mensch nicht bebauen konnte, weil es wegen seiner Dürftigkeit nicht lohnte. Demnach gab zunächst der schlechte, für den Ackerbau ungeeignete Boden Anlaß zur Benennung und nicht die Vegetation, die sowohl aus Wald, als auch aus Heidekrautflächen oder anderen Pflanzengesellschaften bestehen konnte. Im folgenden wollen wir unter Heide nur die

101

Pflanzengenossenschaften betrachten, in denen das Heidekraut überwiegt. Wegen der strauchigen Beschaffenheit der niedrigen, holzigen
Pflanzen bezeichnet man diese Art von Heide zum Unterschied von anderen Vegetationsformen als Zwergstrauchheide.

Außer dem eigentlichen *Heidekraut* (Calluna vulgaris) (Taf. 30, Fig. 1)
wachsen in der Heide noch einige andere Zwergsträucher. Die *Krähenbeere* (Empetrum nigrum) (Taf. 30, Fig. 7) mit ihren unscheinbaren, grün-
lichen Blütchen und später den dicken blauschwarzen Beeren bildet hin
und wieder größere Reinbestände. An feuchten Stellen gedeiht die *Glockenheide* (Erica Tetralix) (Taf. 26, Fig. 4), die ihren Namen von den auffallenden glockenförmigen Blüten hat, die meist rosa, manchmal auch
weiß gefärbt sind.

Zu diesen Heidepflanzen gesellen sich eine große Anzahl von Begleit-
formen, die man zwar auch in anderen Formationen findet, die aber doch
ziemlich regelmäßig in der Heide erscheinen. Von Flechten trifft man
häufig die *Renntierflechte* (Cladonia rangiferina) (Taf. 30, Fig. 6), das *isländische Moos* (Cetraria islandica) (Taf. 30, Fig. 5) und die *Hundsflechte*
(Peltigera canina). Neben einigen Moosen wachsen verschiedene *Bärlapp-
arten* (Lycopodium) zwischen den Zwergsträuchern. Von Gräsern erscheinen besonders das *Borstengras* (Nardus stricta) (Taf. 30, Fig. 3), das
Pfeifengras (Molinia caerulea) und die *Draht-Schmiele* (Deschampsia fle-
xuosa). Von dem Violett der Heidekrautglöckchen heben sich die gelben
Blüten folgender Pflanzen ab: *Ginster*arten (Genista), *Goldrute* (Solidago
Virga aurea) und *Mausöhrchen* (Hieracium Pilosella).

Düster ragen die schlanken *Wacholder*büsche (Juniperus communis)
(Taf. 30, Fig. 4) aus der dichten niederen Pflanzendecke heraus. Im Gegensatz dazu leuchten die weißen Stämme der *Birken* (Betula verrucosa)
(Taf. 30, Fig. 2) zwischen dem freundlich grünen Laub und die *Vogelbeer-
bäume* (Sorbus aucuparia) hängen im Spätsommer voll roter Früchte. Hin
und wieder steht eine breitkronige *Buche* (Fagus silvatica) schützend vor
einem menschlichen Bau. Die *Kiefer* (Pinus silvestris) (Taf. 14, Fig. 1)
wird immer stärker angepflanzt, sie gehört nicht zu der eigentlichen
Zwergstrauchheide.

Tafel 30. *Heidepflanzen.* 1. Heidekraut (Calluna vulgaris) violett-rosa, 2. Birke (Betula
verrucosa) grün bis braun, 3. Borstengras (Nardus stricta) violett, später gelb, 4. Wacholder (Juniperus communis) Beere schwarz, 5. Isländische Moosflechte (Cetraria islandica) olivgrün, 6. Renntierflechte (Cladonia rangiferina) hellgrau, 7. Krähenbeere
(Empetrum nigrum) Beere schwarz — Blüte unscheinbar, rötlich.

H.Heil.

Bau und Leistung wesentlicher Arten

Sowohl beim Heidekraut als auch bei der Glockenheide und der Krähenbeere fällt die Kleinheit der Pflanzen deswegen auf, weil diese Arten durch die Verholzung der Stämmchen und Zweige regelrechten Strauchcharakter haben. Wie die übrigen Holzgewächse schließen diese *Zwergsträucher* ihre Triebe sehr bald nach außen ab. Die neuen Sprosse des Heidekrautes bilden schon im ersten Jahre eine Korkschicht, die 2 bis 3 Zellagen dick ist.

Der Bau der *Blätter* wiederholt sich in ähnlicher Weise. Die Blattfläche ist sehr klein, so daß die Blätter oft das Gepräge von Nadeln (bei Erica Tetralix und Empetrum nigrum) oder Schuppen (Calluna vulgaris) haben. Bei stärkerer Vergrößerung erkennt man, daß die Oberflächenverkleinerung noch dadurch gesteigert wird, daß die seitlichen Blattränder nach unten umgeschlagen oder eingerollt sind, wie bei der Krähenbeere (Taf. 31). Dadurch kommen die sonst freien Spaltöffnungen der Blattunterseiten in einen Hohlraum zu liegen, der mit der Außenluft nur durch einen schmalen Schlitz in Verbindung steht. Aber auch diese von außen als Rinne sichtbare Öffnung ist durch zahlreiche Haare, die sich gegenseitig von den Blatträndern aus verfilzen, abgedichtet. So entsteht in der Höhlung ein *windstiller Raum*, in den zwischen den köpfchenförmigen Drüsenhaaren die Spaltöffnungen münden. Dem am Blatte vorbeistreifenden Wind gelingt es nicht ohne weiteres, den aus den Spaltöffnungen ausströmenden Wasserdampf mitzunehmen.

Baldige Verkorkung der neuen Sproßteile, Verringerung der Blattoberfläche und besonders die Vorschaltung eines windstillen Raumes vor die dampfausscheidenden Poren bedingen eine weitgehende Behinderung in der Wasserabgabe.

Die Organe für die Wasseraufnahme, die *Wurzeln*, sind bei den Zwergsträuchern der Heide ziemlich schwach ausgebildet. Tiefgehende Wurzeln, wie wir sie an den mehrjährigen Pflanzen der Sandfelder kennen gelernt haben, fehlen vollständig. Die Heidesträucher verankern sich mit dünnen faserigen Würzelchen, die nicht imstande sind, rasch größere Mengen Wasser in die Pflanze zu schaffen. Der Wasserhaushalt wird wohl dadurch noch erschwert, daß an den Wurzeln des Heidekrautes die Teile fehlen, die bei den anderen Pflanzen die Aufnahme der Bodenlösung besorgen: das Heidekraut hat *keine Wurzelhaare*. Dagegen kann man in den meisten Fällen an und in den Heidekrautwurzeln Pilzfäden finden, ähnlich wie an den Wurzeln unserer Waldbäume.

Der Wasserhaushalt der Heidepflanzen ist demnach gekennzeichnet durch langsame Aufnahme von verhältnismäßig wenig Wasser und gehemmte

Abgabe, was auf eine sehr *schwache Durchströmung* der ganzen Pflanze schließen läßt. Ihr Wasserhaushalt stellt zu dem der Schatten- und Sumpf- pflanzen einen krassen Gegensatz dar.

Standortsfaktoren

Nährstoffarme Böden sind die Vorbedingung für die Entwicklung der Heideformation. Die *Nährstoffarmut* kann von Anfang an eine Eigenschaft des Bodens sein. Ausgetrocknete Hochmoore, auf denen sich mit Vorliebe die Heide ansiedelt, oder nicht genügend aufgeschlossener Untergrund. der keine Nährsalze in lösbarer Form hergibt, oder unfruchtbarer Sand gehören zu dieser Gruppe von Böden.

Ein Boden kann auch nachträglich durch die Einwirkung bestimmter Faktoren seinen Nährstoffgehalt verlieren, obgleich er ursprünglich üppi- gem Pflanzenwuchs sehr günstig war. Gerade unsere Lüneburger Heide bietet ein vollendetes Beispiel dafür. Bis ins Mittelalter hinein bedeckten Laubwälder die Fläche der heutigen Heide. Nach und nach wurde der Wald abgeschlagen, ohne für Nachwuchs zu sorgen. Noch im Anfang des vorigen Jahrhunderts fielen in der Provinz Hannover nahezu 500 000 Mor- gen Wald. Das Holz wurde schon im Mittelalter in den bedeutenden Sa- linen der Lüneburger Gegend als Brennmaterial benutzt. Dies bestätigen alte Urkunden. Der menschliche Eingriff hatte umwälzende Folgen, die damit begannen, daß der vom Wald entblößte, kalklose Boden in seinen obersten Schichten durch die Niederschläge ausgelaugt wurde. Im ein- zelnen geht eine solche Umwandlung folgendermaßen vor sich. Die an manchen Stellen bis knapp ein halb Meter mächtige Rohhumusschicht gibt an das durchsickernde Regenwasser Humussäure ab. Diese löst aus den darunter liegenden, ohnehin nicht sehr nährstoffreichen, eisenhaltigen Diluvialsanden, die für die Ernährung der Pflanzen wichtigen Stoffe zum größten Teil heraus und nimmt sie mit in die Tiefe. Dort fallen durch die allmähliche Anreicherung wasserunlösliche Verbindungen in einer fest verkitteten 5 bis 10 cm dicken Schicht, dem Ortstein, aus. Der darüber liegende Sand nimmt nach der Auslaugung eine helle, bleigraue Färbung an; es entsteht der charakteristische Bleichsand der Heide. Fast überall treffen wir in der Zwergstrauchheide dasselbe *Bodenprofil.* Der unver- änderte Untergrund ist durch eine harte Ortsteinschicht abgedeckt, darauf liegt der nährstoffarme Bleichsand und über diesem der saure Rohhumus.

Tafel 31. *Querdurchschnittenes Rollblatt der Krähenbeere.* Vergrößerung 100fach. o. O. Oberhaut der Blattoberseite (hier Außenseite), u. O. Oberhaut der Blattunterseite (hier Innenseite), sp Spaltöffnung, dr Drüsenhaar. h verfilzte Haare in der Nähe der Blatt- ränder, l Leitbündel, w. I. windgeschützter Innenraum.

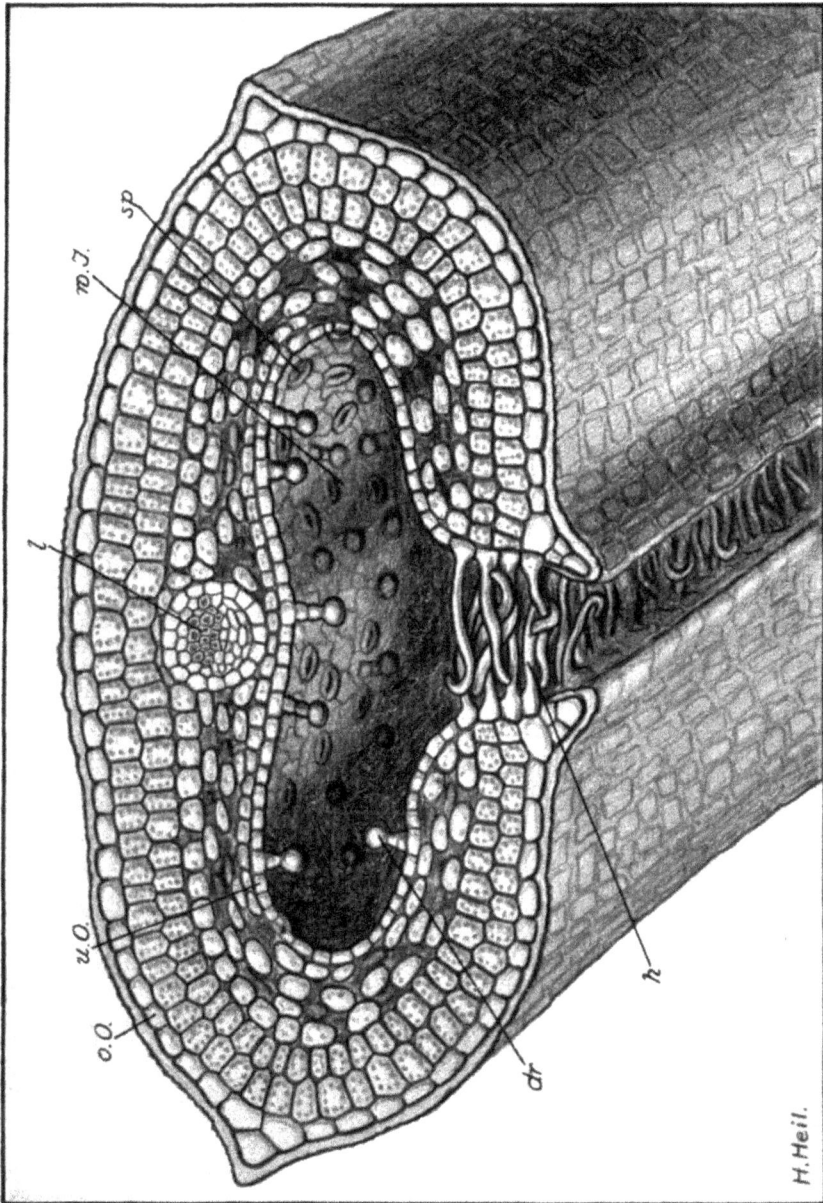

Der menschliche Eingriff allein hätte aber noch nicht zur Bildung der Heide genügt. Nicht alle entwaldeten Gebiete wandeln sich in Zwergstrauchheiden um. Es gehört noch die Ausspülung der oberen Bodenschichten durch die *Niederschläge* dazu. Die Heide wird sich demzufolge besonders in niederschlagsreichen Gegenden entwickeln. In Deutschland sind außer den regenreichen Gebirgsländern besonders die nordwestlichen Teile geeignet, in denen das feuchtmilde, atlantische Klima herrscht.

Die welligen, baumarmen Gebiete sind schutzlos dem *Winde* preisgegeben, der besonders in den küstennäheren Teilen mit ziemlicher Heftigkeit über die niedrige, geschlossene Vegetationsdecke weht.

Beziehungen zwischen Pflanzen und Umgebung

Tiefenwurzler vermögen sich an den meisten Stellen der Heide deswegen nicht zu entwickeln, weil ihre vordringenden Wurzeln bald auf den Ortstein treffen, den sie nicht durchbohren können. Die Hauptwurzel biegt an dem Widerstand um und quält sich noch eine Weile waagrecht an der harten Schicht entlang, bis der junge kümmernde Baum eingeht. Ein paar anspruchslose *Flachwurzler* wie Wacholder und Birke sind die einzigen Bäume, die sich normal entwickeln können.

Was sonst an flachwurzelnden Zwergsträuchern in der Heide gedeiht, ist in ganz merkwürdiger Weise auf den Nährstoffmangel des Bleichsandes eingestellt. Wie Graebner gezeigt hat. beeinflußt nährstoffreicher Boden die Entwicklung des Heidekrautes sehr ungünstig. Obgleich es zunächst ungemein üppig wächst, bilden sich keine Blüten, sogar jeglicher Ansatz dazu unterbleibt. Nach einiger Zeit fallen die Blättchen zuerst an den unteren Teilen, dann auch an den oberen ab, und die Pflanze geht schließlich ein. Vielleicht entsteht eine Vergiftung dadurch, daß mit der konzentrierteren Bodenlösung größere Nährsalzmengen in die Pflanze eingeführt werden, als sie verarbeiten kann. Nach einer anfänglichen Überernährung wirken die immer stärker angehäuften Salzmengen allmählich verderblich. Das Heidekraut ist auf langsame Verarbeitung der trotz des genügenden Bodenwassers spärlich aufgenommenen Nährstoffmengen eingestellt.

Infolge der günstigen Temperaturverhältnisse beherbergt die norddeutsche Heide Pflanzenarten, die gegen strenge Winter empfindlich sind. Der Gagelstrauch (Myrica gale) der Heidemoore gehört zu diesen *atlantischen Elementen*. Er bedeckt manchmal größere Flächen und fällt durch seine roten Zweige auf, wenn er das graugrüne Laub abgeworfen hat. Er ist der rote Post, von dem Löns erzählt.

Im Windschutz der Zwergsträucher entfaltet sich auf dem Heideboden eine Moos- und Flechtenvegetation von oft erstaunlicher Üppigkeit. Die

11*

Zwergsträucher selbst sind zwar durch besondere Einrichtungen gegen die transpirationsverstärkende Wirkung des Windes ausgerüstet, sie benötigen aber doch die feuchte Luft des atlantischen Klimas. Im östlichen Teil Deutschlands, wo das Kontinentalklima mehr an Einfluß gewinnt, wachsen die Zwergsträucher nicht in ungeschützten Vegetationsdecken offen den wasserraubenden Winden preisgegeben. Dort ziehen sie sich in die geschützten Räume der Wälder zurück; das Heidekraut bedeckt den Boden der Kiefernwälder.

Die Bedeutung eines einzelnen Faktors für den Standort

Wenn wir das Vorkommen des Heidekrautes in Nordwestdeutschland mit dem im östlichen Deutschland vergleichen, könnten wir annehmen, die Pflanze hätte zwei verschiedenartige Standorte. Bei näherer Untersuchung zeigt sich aber, daß an beiden Stellen viele Standortsfaktoren gleich oder wenigstens ähnlich sind, wie z. B. der nährstoffarme und kalklose Boden. Die Faktoren jedoch, die den Standort so verschieden erscheinen lassen, haben ähnliche ökologische Wirkung. Im Nordwesten verhütet die atlantische Luftfeuchtigkeit und im trockenen Osten der durch die Bäume erzeugte Windschatten eine schädliche Steigerung der Transpiration. An diesem Beispiel erkennen wir deutlich, wie manchem Faktor letzten Endes eine nur indirekte Bedeutung zukommt. Ein solcher Faktor kann durch einen anderen ersetzt werden, wenn der neue imstande ist, ähnliche Wirkung auszulösen.

Von besonders auffälligen *Ersatzmöglichkeiten* sollen folgende erwähnt sein.

Kälte kann klimatische Trockenheit ersetzen. Im Winter steht bei Frostwetter unseren Pflanzen trotz reichlicher Niederschläge zu wenig Bodenwasser zur Verfügung; sie müssen ihren Wasserhaushalt umstellen, indem sie den Wasserverbrauch einschränken. Sie werfen die transpirierenden Teile ab, wie die Laubbäume ihre Blätter, oder verschließen die Spaltöffnungen besonders dicht wie die Nadelbäume. Trotzdem geben sie bei größter Einschränkung oft noch soviel Wasser ab, daß sie bei andauerndem Froste an Vertrocknung zugrunde gehen.

Klimatische Wärme, die sich auch dem Boden mitteilt, kann in kühleren Gebieten durch eine nach Süden gerichtete Exposition und durch besondere Trockenheit des Bodens ersetzt werden.

Eine ähnliche Wirkung wie Wassermangel übt die Bodenlösung auf die Pflanze aus, die infolge zu hohen Salzgehaltes für sie nicht aufnahmefähig ist. So kennt man neben einer physikalischen Trockenheit des Bodens auch eine physiologische Trockenheit. Die Fettpflanze ist eine öko-

106

logische Form, die sich unter beiden genannten Einflüssen auszubilden vermag.

Der kontinentale Klimacharakter kann in anderen Klimagebieten durch besondere Standortseigenschaften erzeugt werden, wie sie dem Fels, dem flachgründigen und dem trockenen Boden eigen sind.

Lämmermayer zeigt uns sehr schöne Beispiele dafür, wie Licht durch Wärme ersetzt werden kann. Er fand, daß die Alpen-Gänsekresse (Arabis alpina) desto weiter in Höhlen vorzudringen vermochte, je wärmer der Innenraum war. Ebenso fand er das Gold-Milzkraut (Chrysosplenium alternifolium) in einer Höhle bei 8°C noch an Stellen, die nur $\frac{1}{55}$ des freien Lichtes aufwiesen, während es in Höhlen von 4°C eine Lichtstärke von mindestens $\frac{1}{9}$ braucht.

Schließlich schafft ja auch der Mensch Ersatzfaktoren, um in seinen Kulturen Pflanzen zu ziehen, die unter natürlichen Verhältnissen nie gedeihen würden. Solche Veränderungen der klimatischen und Bodeneigenschaften sind jedem geläufig. Doch werden häufig die sogenannten biotischen Faktoren dabei zu wenig beachtet. Bei der Betrachtung des Bodens haben wir deren bedeutungsvolles Wirken in den erstaunlichen Leistungen der Kleinlebewesen kennengelernt. Aber auch aus der Welt der größeren Formen greifen viele gestaltend in andere Lebensgemeinschaften ein.

Fällt ein Faktor ohne irgendeinen Ersatz vollständig aus, dann bietet der Standort unter Umständen keine Möglichkeit für die Entwicklung von Pflanzenwuchs. Unbesiedelte Stellen in der Wüste sind Beispiele dafür. Tritt ein Faktor dagegen in seiner *Stärke* weitgehend hinter die anderen zurück, dann wirkt er bestimmend auf die Art und Zusammensetzung der Vegetation. Trotz Nährstoffreichtum, genügendem Wasser und ausreichender Wärme können sich keine grünen Pflanzen entwickeln, wenn das Licht zu schwach ist (s. S. 41). Nimmt dieser Faktor an Stärke zu, dann entsteht bei gleichbleibenden übrigen Faktoren eine Gesellschaft von Schattenpflanzen. Bei voller Beleuchtung weicht diese wieder einem neuen Pflanzenverein. In anderer Richtung könnte bei gleichbleibendem Nährstoffgehalt und Licht und gleichmäßiger Wärme eine Verminderung des Wassers wirken. Von den lebenswichtigen Faktoren eines Standortes gibt derjenige den Ausschlag, der im Minimum vorhanden ist. Dies ist der Inhalt des von Justus von Liebig zunächst nur für die Ernährung der Pflanze aufgestellten *Gesetzes vom Minimum.*

Besondere Betrachtung verdient die *periodische Größenänderung* eines Standortsfaktors. Eine derartig bedingte Veränderung des Lebensraumes haben wir in der periodischen Verlandung kennengelernt (s. S. 84). Naturgemäß sind die klimatischen Faktoren am stärksten den jährlich sich wiederholenden Schwankungen unterworfen. Von ihnen geht die Beeinflussung der übrigen Faktoren aus. Die hierdurch verursachten periodischen Veränderungen des ganzen Standortes wirken sowohl auf die Zusammensetzung als auch auf das zeitliche Verhalten seiner Pflanzengesellschaften ein.

Je nach der früher oder später eintretenden Wärmesteigerung nach dem Winter erfolgt eine frühere oder spätere Entfaltung der Blatt- und Blütenknospen; anders ausgedrückt: der Frühlingseinzug liegt früher oder später. Er ist je nach dem Gebiet verschieden, im allgemeinen verspätet er sich von Süden nach Norden und vom Flachland nach den Höhen der Gebirge. Die Werte dieser Verspätung sind erforscht, stellen aber nur Annäherungswerte dar, denn im einzelnen sind die Verhältnisse oft recht verwickelt. So können z. B. durch günstige Exposition oder durch Abhaltung kalter Luftströmungen durch Gebirge Gebiete entstehen, die sich als bevorzugt aus ihrer Umgebung herausheben.

Gerade das Verhalten der Pflanzen in dieser Beziehung bietet ein gutes und anschauliches Mittel zur Beurteilung des Klimas. Hiermit beschäftigt sich vornehmlich die *Pflanzenphänologie*, die Lehre von den periodischen Erscheinungen des jährlichen Pflanzenlebens. Je nach dem Eintritt der wichtigsten Entwicklungsphasen bestimmter Arten kann man phänologische Jahreszeiten unterscheiden. Das sind Zeitabschnitte, die durch eine Anzahl zeitlich nahe zusammen eintretender Entwicklungsstufen verschiedener Pflanzen bestimmt sind. Als solche lassen sich unterscheiden: Vorfrühling, Erstfrühling, Vollfrühling, Vorsommer, Hochsommer, Frühherbst, Herbst. Gewisse Phasen bestimmter Pflanzen sind für jede dieser Jahreszeiten besonders bezeichnend, so z. B. die Blüte des Apfelbaumes (und anderer Obstbäume) für den Frühling, die Ernte des Roggens (und anderer Getreidearten) für den Hochsommer, die Laubverfärbung der Buche (und anderer Laubbäume) für den Herbst.

Grenzt man auf einer Karte Bezirke ab, die Orte mit gleichzeitiger oder nahezu gleichzeitiger Aufblühzeit (oder einer anderen Phase) von einer Pflanze oder Pflanzengruppe derselben Jahreszeit umfassen, so erhält man eine phänologische Karte. Je nach der gewählten Zeitspanne des gegenseitigen Unterschiedes der einzelnen Bezirke läßt die Karte verschiedene Zonen unterscheiden. Auf der phänologischen Karte des Frühlingseinzuges in Hessen von E. Ihne (1911) (Taf. 32) sind Zonen von je 4 Tagen unterschieden. Diese Karte gründet sich auf die mittleren Aufblühzeiten einer Anzahl allgemein verbreiteter Pflanzen des Frühlings, in dessen Mitte

Tafel 32. *Phänologische Karte des Frühlingseinzuges in Hessen* nach E. Ihne.

Phänologische Karte von Hessen

Frühlingseinzug nach E. Ihne
(Anfang der Apfelblüte,
Belaubung der Stieleiche)

Frühl.-Datum	Zone
21.–24. April	I
25.–28. »	II
29. Apr.–2. Mai	III
3.– 6. Mai	IV
7.–10. »	V
11.–14. »	VI
15.–18. »	VII
19.–22. »	VIII

etwa der Anfang der Apfelblüte und fast zugleich auch der Beginn der Belaubung der Stieleiche liegt.

Die Karte zeigt 8 Zonen. In dem nicht sehr großen Lande sind zeitlich zwischen den einzelnen Gebieten schon erhebliche Unterschiede von mehr als einem Monat. Als früheste Zonen heben sich die Bergstraße (Mandelgebiet!) und die Umgebung von Mainz (Aprikosengebiet!) hervor.

Die Karte unterscheidet Klimagebiete nach der Vegetationsentfaltung im Frühling. Ähnliche Karten nach anderen Entwicklungsstufen lassen sich auch für den Sommer und Herbst entwerfen.

Die phänologische Karte wird zum wertvollen Hilfsmittel für den Land- und Forstwirt und im Obst- und Gartenbau. Aus ihr kann man ersehen, in welchen Gebieten sich der Anbau empfindlicher Kulturpflanzen ermöglichen läßt, die großes Wärmebedürfnis haben. Auch auf anderen Gebieten hat sie Anwendung gefunden.

Übungsarbeiten

A. Am Standort.

1. Stelle eine Pflanzenliste für die Zwergstrauchheide auf.
2. Untersuche das Profil des Heidebodens und zeichne danach eine maßstäbliche Skizze.
3. Erkläre dir die Entstehung der besuchten Heide.

B. Im Zimmer.

1. Untersuche unter dem Mikroskop in der Aufsicht und an Querschnitten den Blattbau verschiedener Heidepflanzen (Heidekraut, Krähenbeere, Borstengras).
2. Nenne Beispiele von Faktorenersatz durch den Menschen.
3. Welches ist der „Faktor im Minimum" an den Standorten der bis jetzt betrachteten Pflanzengesellschaften?
4. Wodurch sind die phänologischen Zonen in Hessen bedingt? Vergleiche dazu Taf. 3, 12, 32 und eine entsprechende physikalische Karte aus dem Atlas.
5. Betrachte unter ähnlichen Gesichtspunkten die phänologische Karte von Deutschland in einem Atlas.

Die Pflanzengesellschaften im Meere

Zusammensetzung

Die Pflanzengesellschaften des Meeres unterscheiden sich in ihrer Zusammensetzung wesentlich von denen des Süßwassers. Die Blütenpflanzen, die hier mit eindrucksvollen Beständen das Vegetationsbild beherrschen, werden im Meere durch die Tange abgelöst (Taf. 33). Obgleich diese zur niederen Gruppe der Algen gehören, übertreffen sie in ihrer Größe oft ihre höheren Verwandten. Nur ein Laichkrautgewächs, das *Seegras* (Zostera marina) (Taf. 34, Fig. 1) gehört als einzige Blütenpflanze ganz dem Meere an, während einige seiner Verwandten wohl salziges Wasser vertragen, von Haus aus aber Bewohner der Binnengewässer sind.

Die Tange lassen sich nicht nur nach ihrer Farbe, sondern auch nach ihrem entwicklungsgeschichtlichen Verhalten in drei größeren Gruppen unterbringen: die *Grünalgen* (Chlorophyceen), die *Braunalgen* (Phaeophyceen) und die *Rotalgen* (Rhodophyceen früher Florideen). Besonders die beiden letzten Abteilungen bergen eine große Fülle von sehr verschiedenen Typen, während die Grünalgen im Meere in nicht so vielen Arten auftreten wie im Süßwasser, wo sie allerdings in der Hauptsache nur kleine, mit dem Mikroskop erkennbare Formen bilden.

Während in unseren Meeren die fadenförmigen Arten der Gattung Cladophora und Ulothrix in ihrer Gestalt noch sehr an ihre nahen Verwandten im Süßwasser erinnern, haben andere Grünalgen durch ihren größeren, auffallenden Körper ein besonderes Gepräge. Dazu gehören die verschiedenen *Darmtange* (Enteromorpha) (Taf. 34, Fig. 2) und der *Meersalat* (Ulva latissima).

Die Brauntange sind lediglich Meeresbewohner und weisen die verschiedensten Formen auf. Leicht übersehbare Rasen aus Fäden von Sphacelaria erinnern in ihrer Gestalt an fadenförmige Algen des Süßwassers. Dagegen fallen die gleichmäßig verzweigten Riemen der *Gabelzunge* (Dictyota dichotoma) (Taf. 34, Fig. 4) schon mehr ins Auge. Die stolzesten unter ihnen sind die Riemen- und *Fingertange*, von denen Laminaria digitata bis 3 m und der *Zuckertang* (Laminaria saccharina) sogar bis 4 m lang wird. Eine eigentümliche Verwandte dieser Gattung ist die etwa ½ cm dicke, schnurförmige *Meersaite* (Chorda Filum), die eine Länge bis zu 3 m erreicht. Jedem Besucher der See fallen die *Blasentange* (Fucus vesiculosus) (Taf. 34, Fig. 3) auf, die mit einigen verwandten Arten ausgedehnte Flächen von Felsen und Holzwerk überziehen (Taf. 35).

Die Rottange haben zwar auch im Süßwasser vereinzelte Vertreter, sind aber in der Hauptsache echte Meeresalgen. Auch bei ihnen finden wir einfache fadenförmige Formen wie Bangia fuscopurpurea, stark verzweigte Fadenbüschel beim *Horntang* (Ceramium) (Taf. 34, Fig. 6) und blattför-

---

Tafel 33. *Tange (Fucus und Laminaria) vor der Westküste von Helgoland bei Ebbe.*

Aufnahme H. Heil

Tafel 34. *Meerespflanzen*. 1. Seegras (Zostera marina) Blüte unscheinbar, grün, 2. Darmtang (Enteromorpha compressa) grün, 3. Blasentang (Fucus vesiculosus) braun, 4. Gabelzunge (Dictyota dichotoma) gelbbraun, 5. See-Ampfer (Delesseria sanguinea) rot, 6. Horntang (Ceramium rubrum) rotbraun.

H.Heil.

mige Arten wie die in der Nordsee häufige Porphyra atropurpurea oder die an rotes Laub erinnernden Delesserien (Taf. 34, Fig. 5).

Außer den angeführten, besonders häufigen und auffälligen Seetangen, deren Aufzählung noch durch eine große Anzahl von anderen Arten zu ergänzen wäre, lebt im Meere, ähnlich wie im Süßwasser, eine Gesellschaft aus mikroskopisch kleinen, frei im Wasser schwebenden Formen, das *Plankton*. Hierüber soll besonders gesprochen werden (s. S. 114).

Bau und Leistung wesentlicher Arten

Das Seegras verankert sich mit seinem weitkriechenden Wurzelstock in dem feinkörnigen Boden. Aus den Knoten der unterirdischen Stammteile dringen Wurzeln in den Untergrund. Die Tange sind dagegen nicht in Sproß und Wurzel gegliedert wie die höheren Pflanzen. Sie gehören zu den Lagerpflanzen (Thallophyten), die auf einer einfacheren Stufe der Entwicklung stehen. Aber auch sie bilden Teile ihres Körpers derart aus, daß sie sich damit an Unterlagen festhalten können. Haftscheiben, krallenartige Klammern und ähnliche *Befestigungsvorrichtungen* leisten ihnen dabei gute Dienste. Der Fingertang umkrallt seine Unterlage so fest, daß man ihn oft mit größeren Steinen aus dem Wasser ziehen kann.

In der Ausbildung des übrigen Körpers ähneln die Meeresgewächse in vielem den Pflanzen des Süßwassers. Als *fadenförmige* Vertreter finden wir neben den kleineren Algen die Meersaite. Die Blätter des Seegrases besitzen die Form schmaler und sehr dünner Bänder. Die größeren, *blattartigen Flächen*, wie sie der Meersalat aufweist, sind weniger häufig, als die Zerteilung in *Riemen* oder *Fieder*. Riemenförmig sind der Palmen- und der Fingertang (Laminaria hyperborea und Laminaria digitata) und die Gabelzunge (Dictyota dichotoma). Gefiederte Formen kommen sowohl bei den Grünalgen als auch bei den Braunalgen und bei den Rotalgen vor. Aus der Fülle der Beispiele soll nur der grüne Federtang (Bryopsis plumosa), der braune Federtang (Chaetopteris plumosa) und der rote Federtang (Plumaria elegans) genannt werden. Der blutrote Seeampfer (Delesseria sanguinea) treibt im Frühjahr große einheitliche Thallusflächen. Diese zerfetzen sich im Sommer, indem sie von den Rändern her einreißen, so daß im Winter nur noch die kahlen Rippen übrigbleiben, die das blattähnliche Gebilde durchziehen. Hier findet bei einer Meeresalge eine ähnliche nachträgliche und gewaltsame Zerteilung der ihrer Anlage nach geschlossenen Thallusspreite statt, wie bei dem ebenfalls von Natur aus ungeteilten Blatt der Banane.

In ihrem feineren Bau zeigen die Tange gegenüber den höheren Pflanzen große Einfachheit, auf die die zum Wasserleben übergegangenen Blüten-

111

pflanzen wieder zurückgekommen sind. Wasserleitende Gewebe gibt es bei diesen dünnblättrigen, ständig vom Naß umspülten Pflanzen nicht. In den derben Stengeln der Laminaria erscheinen dagegen schon röhrenartig langgestreckte Zellen, die sich wie die Bahnen eines Leitbündels hintereinanderreihen und deren Querwände siebartig durchlöchert sind. Viele Tange besitzen eine aus derberen Zellen gebildete Rinde. Dadurch entsteht eine Hautschicht ähnlich der Epidermis der höheren Pflanzen. Die Zellwände führen schleimige Bestandteile, die durch ihr *Quellungsver-mögen* für die Algen große Bedeutung haben. Häufig leben die Seetange so dicht unter dem Wasserspiegel, daß ihr Körper bei Ebbe in die Luft ragt. Ja, einige Meeresalgen wie Bangia fuscopurpurea wachsen überhaupt nicht unter Wasser, sondern über dem Flutspiegel in der Brandungszone. Ihnen genügt das Wasser, das durch den Wellenschlag in die Höhe gespritzt wird. Die schleimig verquollenen Zellwände halten dabei das aufgenommene Wasser zähe fest und schützen die Pflanze vor Vertrocknung.

Standortsfaktoren

Das Meerwasser unterscheidet sich von dem Süßwasser vor allem durch den *Salzgehalt*. Die Gesamtmenge der Salze in gleichen Raumteilen Seewasser ist je nach der Aussüßung durch größere Flüsse oder andere Ursachen recht verschieden. Während die Nordsee 3 bis 3,3% Salze enthält, sinkt der Salzgehalt in der Ostsee bis auf 0,7%. Dabei bleibt das gegenseitige Mengenverhältnis der einzelnen beteiligten Salze überall nahezu dasselbe. Das Salzgemisch setzt sich aus folgenden Anteilen zusammen:

Kochsalz (NaCl)	77.8%
Magnesiumchlorid ($MgCl_2$)	10.9%
Schwefelsaure Salze	10.8%
Kohlensaure Salze	gering
Bromsalze	gering.

Von Gasen nimmt das Meerwasser mehr Sauerstoff und weniger Stickstoff auf als dem Mengenverhältnis der atmosphärischen Luft entspricht. Außerdem befindet sich in dem Seewasser freie Kohlensäure.
Die *Wärme-* und die *Lichtverhältnisse* zeigen im Meer ähnliche Eigentümlichkeiten wie im Süßwasser. Die Lichtstärke nimmt mit der Tiefe ab, wobei die Farbe in Grün verändert wird. Bei etwa 200 m Tiefe beginnt für die Lebewesen die lichtlose Stufe.
Von ökologischer Bedeutung ist die Beschaffenheit und die Form des pflanzentragenden *Bodens.*

112

Wir haben zu unterscheiden zwischen beweglichem Untergrund, der aus Sanden oder schlammigen Schlicken besteht, und festem Boden aus unzertrümmertem Fels oder großen Gesteinsbrocken. Diese häufen sich besonders an der Küste an und schleifen sich in der Brandung rund. Die weit ausgedehnten Flachküsten sind meistens mit Sand oder Schlick bedeckt, während die Steilküsten aus Felsen bestehen.

Die Form des Untergrundes bedingt die Ansiedlungsmöglichkeit für die Pflanzen. Die Bodenoberfläche eines Kontinentes oder einer Insel gleitet an der Küste als Schelf zunächst mehr oder weniger flach in die See und stürzt oft erst weit draußen in größere Tiefe mit steilem Abfall auf den Grund der Tiefsee. Auf dem Schelf lassen sich in der Nähe der Wasseroberfläche drei Zonen mit besonderen Eigenschaften unterscheiden. Über dem Höchstwasserstand etwa an einer Felsenküste liegt die Brandungszone, die auch *supralitorale Zone* oder Spritzzone heißt; sie wird nicht unmittelbar von dem Seewasser benetzt. Die Strandzone oder *litorale Zone* ist nur dort ausgebildet, wo ein Küstenstreifen in regelmäßigen Zeitabständen bei Ebbe bloßgelegt und bei Flut überschwemmt wird. Die Zone ständigen Wassers, die *sublitorale Zone*, liegt unter dem Niedrigwasserspiegel.

Beziehungen zwischen Pflanzen und Umgebung

Die Meerespflanzen sind derart auf den Salzgehalt des Seewassers eingestellt, daß sie im Süßwasser nicht gedeihen können. Umgekehrt ist den Süßwasserpflanzen eine Entwicklung im Meere nicht möglich. Die Pflanzen sind so sehr an ihren Lebensraum gebunden, daß sie kaum über dessen Grenzen hinausgehen. Im Gebiet der Durchdringung von Salz- und Süßwasser, in dem Brackwasser der Flußmündungen, ist die Flora auffallend arm.

Wie im Süßwasser wird auch im Meere die untere Grenze für die mit Chlorophyll ausgerüsteten Pflanzen durch das Licht bestimmt. Darum finden wir nur allein in der durchleuchteten Stufe der Flachsee all die mannigfaltigen Pflanzenformen von den Riesen der Laminarien bis zu den kleinsten Gebilden der Schwebeflora, während die lichtlose Stufe der Tiefsee nur Tiere beherbergt, die zum Teil von den abgestorbenen niedersinkenden Pflanzen leben, zum größeren Teil sich aber gegenseitig in räuberischer Weise auffressen.

Das Licht ist ebenfalls der bestimmende Faktor bei der weiteren *Schichtung* der verhältnismäßig schmalen Tangzone. Doch darf man es nicht allein dafür verantwortlich machen, da die Ansiedlung über der Niedrigwassergrenze auch von dem Feuchtigkeitsbedürfnis der Algen abhängt.

113

Während in der Brandungszone nur wenige Algen leben, wird die Strandzone stark besiedelt. Sie ist das Reich der Blasentangverwandten (Taf. 35), von denen Fucus platycarpus am höchsten geht und nach unten durch den eigentlichen Blasentang, Fucus vesiculosus, abgelöst wird, während sich Fucus serratus, der Sägetang, wiederum unter diesem an der Niederwassergrenze ansiedelt. Die Zone zwischen der Ebbegrenze bis zu einer Tiefe von etwa 4 m gehört den Laminaria-Arten, die stattliche unterseeische Wälder bilden, in denen eine Bodenschicht von kleineren Tangen wuchert. In noch größeren Tiefen treten die Braunalgen immer mehr zurück, nachdem die Grüntange, die sich mit Vorliebe in der Höhe der Wasseroberfläche an absonnigen Stellen aufhalten, schon vollständig das Feld geräumt haben. Beide Gruppen werden abgelöst durch die Rotalgen der lichtschwachen Tiefen. Die in verschiedenen Schichten untereinander angeordneten grünen, braunen und roten Formen benützen zur Assimilation das Licht ihrer Gegenfarbe, also die roten, blauen und grünen Strahlen, die bei dem Durchdringen des Seewassers übrigbleiben.

Auch die Art des Untergrundes hat Einfluß auf die Vegetation. Auf beweglichem, feinkörnigem Boden können sich die Algen nicht festhalten. Dagegen verankern sich dort die Wurzelstöcke des Seegrases, das ausgedehnte Wiesen bildet. Dieses fehlt auf steinigem und felsigem Boden, der für die Tange mit ihren Krallen und Haftscheiben der geeignete Standort ist.

Das Plankton

Im Haushalte der Natur spielen die Lebensgemeinschaften, die aus winzigen, mit dem bloßen Auge gerade noch oder nicht mehr wahrnehmbaren Mitgliedern bestehen, eine mindestens ebenso wichtige Rolle wie die Gesellschaften der großen und auffallenden Formen. Wie sehr diese auf ihre unscheinbaren Genossen angewiesen sind, haben wir bei der Betrachtung der Kleinlebewelt des Bodens zur Genüge kennengelernt. Auch das Wasser beherbergt eine eigene Welt aus kleinsten Wesen, die in ihrer Gesamtheit ein bedeutsames Glied in der Kette des Lebendigen darstellen. Das sind alle jene kleinen Formen von Pflanzen und Tieren, denen ein Festsetzen auf irgendwelche Unterlage versagt ist, die sich treiben lassen müssen, weil ihre körperlichen Kräfte zu gering sind, um das Wasser zielstrebig zu durchschwimmen. Hensen hat im Jahre 1897 alle diese kleinen Pflanzen und Tiere unter dem Namen *Plankton*, d. h. das Schwebende, zusammengefaßt. Wir können zwischen tierischem und

Tafel 35. *Tangzone (Fucus) an den Felsen der Westküste von Helgoland bei Ebbe.*

pflanzlichem Plankton unterscheiden und wollen in diesem Zusammenhang nur das letztere betrachten.

Da die Formen, aus denen es sich zusammensetzt, sehr klein sind, bedürfen wir einer besonderen Vorrichtung, um uns das Plankton zur Untersuchung zu verschaffen. Das Planktonnetz (Abb. 26) besteht aus einem langen Beutel von sehr dichtem Gewebe, das das Wasser noch durchläßt, die Planktonorganismen aber zurückhält. Diese sammeln sich in einem kleinen Blechgefäß, das an dem unteren spitzen, jedoch offenen Ende des Beutels angebracht ist. Die obere Öffnung des Netzes wird durch einen kreisförmigen Draht auseinander gehalten, an dem eine Schnur befestigt ist. Das Planktonnetz wird mit der Schnur durch das Wasser gezogen, und das dabei eingefangene Plankton jedesmal aus dem Blechgefäß in einen kleinen Glasbehälter geleert.

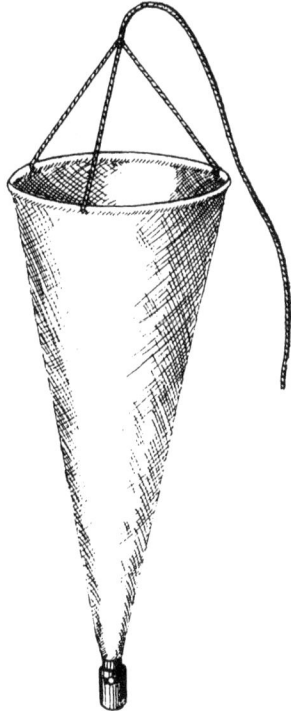

Welche Pflanzen finden wir in diesen Planktonproben?

Die *blaugrünen Algen* (Cyanophyceen) (Taf. 36. Fig. 4—7) stellen verschiedene Vertreter. Die Gruppe der *Geißler* (Flagellaten) (Taf. 36. Fig. 1) und ihre Verwandten, die mit Zelluloseplatten bepanzerten *Furchengeißler* (Peridineen == Dinoflagellaten) (Taf. 36. Fig. 2. 3), liefern sehr charakteristische Formen. Die *Kieselalgen* (Diatomeen) (Taf. 36. Fig. 8—14) erscheinen mit einem Heer von Arten und die *Grünalgen* (Chlorophyceen) (Taf. 36. Fig. 15

Abb. 26. *Planktonnetz.*

bis 21) sind mit vielen abwechslungsreichen Gestalten beteiligt.

Je nach der Herkunft unterscheidet sich die Zusammensetzung des Planktons wesentlich. Das Meer enthält andere Formen wie das Süßwasser. Jedoch besitzen die Planktonorganismen manche gemeinsamen Merkmale, die sich im Bau und in der Ausrüstung der Formen zeigen. Viele schließen kleine Fettröpfchen im Innern ihres Körpers ein, die ihr *Gewicht* gegenüber dem Wasser derart beeinflussen, daß sie darin schweben. Die Sinkgeschwindigkeit eines Körpers im Wasser ist weiter abhängig von der *spezifischen Oberfläche*, die bei den Planktonformen oft sehr zweckentsprechend gestaltet ist und von der inneren Reibung des Wassers, die sich durch Temperatur und Salzgehalt ändert. Wir finden Bildungen an den kleinen Körpern, die dem Wasser beim Untersinken Widerstand entgegensetzen. Manche Kieselalgen legen sich zu bandförmigen Kolonien zusammen (Taf. 36, Fig. 9 u. 10). Andere Formen besitzen lange, borstenförmige Auswüchse, und der Horngeißler (Ceratium) (Taf. 36, Fig. 3) hat seinen Namen von den mitunter sehr langen hornartigen Fortsätzen.

Die *Temperatur* ist der Faktor, der am meisten in die Ausbildung der Planktonformen eingreift. Temperaturänderungen können wesentliche Gestaltsänderungen derselben Art bedingen, aber auch die Zusammensetzung beeinflussen. Bei niederen Temperaturen überwiegen im allgemeinen die Kieselalgen, bei höheren erscheinen die Peridineen und die blaugrünen Algen in größerer Menge.

In der Zusammensetzung des Planktons bestehen auch bestimmte Beziehungen zum *Licht*. Man konnte nachweisen, daß sich im Meere eine ganz bestimmte Schichtung zeigt. Von der Oberfläche bis in eine Tiefe von 20 m erstreckt sich eine Lichtflora, die sich aus blaugrünen Algen, Flagellaten und Ceratien zusammensetzt. Erst zwischen 40 und 60 m liegt das Maximum der Planktonentwicklung, bei 80 m entwickelt sich nur noch eine verarmte Schattenflora aus Kieselalgen und von 100 m an nimmt das pflanzliche Plankton sehr rasch ab. List zeigte, daß Volvox, eine kugelförmige Grünalgenkolonie, die unter einer 30 cm dicken Eisdecke noch gut gedeiht, durch verdunkelnde Schneebedeckung im Winter ebenso zurückgeht wie im Sommer bei der Beschattung durch Wasserlinsen.

Die ökologische Bedeutung der Planktonorganismen ist doppelter Natur. Einerseits reinigen sie das von ihnen belebte Wasser, indem sie gewisse Stoffe desselben aufnehmen und, soweit sie Chlorophyll besitzen, Sauerstoff ausscheiden; andererseits stellen sie die Hauptnahrung für eine große Anzahl von Wasserbewohnern dar. Das Plankton ermöglicht die reiche Bevölkerung des Wassers mit Tieren, die wiederum den räuberischen Fleischfressern zur Nahrung dienen. Aus dieser Erkenntnis hat man das Plankton als Urnahrung bezeichnet.

Tafel 36. *Plankton-Pflanzen aus dem Süßwasser.* Sämtliche Pflanzen in gleicher Vergrößerung 325 fach. *Geißler:* 1. Dinobryon sertularia. *Furchengeißler:* 2. Peridinium tabulatum, 3. Ceratium hirundinella. *Blaugrüne Algen:* 4. Aphanizomenon flos-aquae. 5. Anabaena flos-aquae, 6. Dactylococcopsis raphidioides, 7. Oscillatoria limosa, *Kieselalgen:* 8. Attheya Zachariasi, 9. Tabellaria fenestrata, 10. Fragilaria crotonensis, 11. Synedra Acus var. delicatissima, 12. Asterionella gracillima, 13. Cyclotella operculata. 14. Melosira varians, *Grünalgen (einschließlich Jochalgen):* 15. Closterium Kützingii. 16. Staurastrum gracile, 17. Coelastrum microporum, 18. Pediastrum Boryanum, 19. Raphidium fasciculare, 20. Scenedesmus quadricauda, 21. Scenedesmus obliquus.

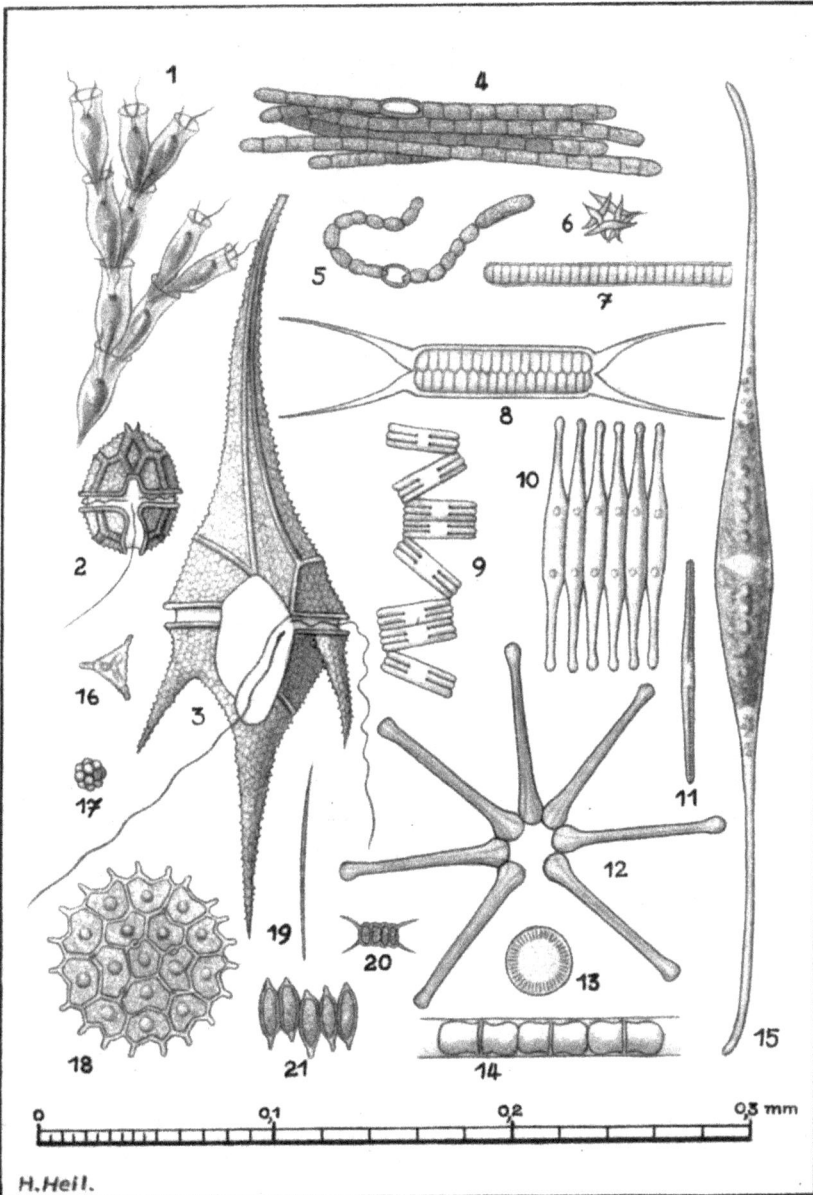

H.Heil.

Übungsarbeiten

A. Am Standort.

1. Bestimme mit Hilfe von Tabellen und guten Abbildungen die auffallendsten und häufigsten Meerestange.

2. Betrachte die Befestigung der Tange an ihrer Unterlage.

3. Achte auf die Uferzonen und die entsprechende Schichtung der Tanggesellschaften.

4. Verschaffe dir sowohl aus dem Süß- als auch aus dem Seewasser Plankton zu verschiedenen Jahreszeiten.

B. Im Zimmer.

1. Untersuche mit dem Mikroskop den Körperbau der Tange an Quer- und Längsschnitten und in der Aufsicht.

2. Beobachte die Planktonformen unter dem Mikroskop und zeichne die charakteristischsten nach den lebenden Präparaten.

Die Pflanzengesellschaften am Meeresstrand

Zusammensetzung

Am Meeresstrand entwickeln sich je nach der Art des Bodens ganz verschiedene Pflanzentypen. An vielen Stellen spült die See unaufhörlich Sand ans Ufer. Dort siedeln sich einige *Melden*arten an (Atriplex hastatum. A. litorale. Suaeda maritima), das *Kalisalzkraut* (Salsola Kali), die *Salzmiere* (Honckenya peploides) (Taf. 38, Fig. 4), der *Meersenf* (Cakile maritima) (Taf. 38, Fig. 2) und die schöne *Stranddistel* (Eryngium maritimum), die unter gesetzlichem Schutze steht. Weiter landeinwärts, wo der Sand zu Dünen aufgehäuft liegt, herrschen grasartige Pflanzen vor (Taf. 37). Die *Sandsegge* (Carex arenaria) (Taf. 38, Fig. 7) durchzieht die Sandmassen mit ihren langen, kriechenden Wurzelstöcken. Der *Strandhafer* (Ammophila arenaria) (Taf. 38, Fig. 1) und der *Strandroggen* (Elymus arenarius) setzen sich auf den Dünen fest und werden oft auf den von Pflanzen unbesiedelten Stellen reihenweise angepflanzt (Abb. 27). Zu diesen Gräsern gehört auch die *Binsenquecke* (Agropyrum iunceum). Von Holzpflanzen versuchen die *Kriech-Weide* (Salix repens) und der *Sanddorn* (Hippophaë rhamnoides) auf dem lockeren Boden festen Fuß zu fassen. Und weit drinnen im Lande, wo der Sand mehr zur Ruhe gekommen ist, bilden dieselben Pflanzen Genossenschaften, die wir schon auf den Sandfeldern des Binnenlandes kennengelernt haben.

117

Abb. 27. *Anpflanzung von Strandhafer* auf der Düne bei Helgoland.
Aufnahme H. Heil.

Ganz anders sehen dagegen die Strandgesellschaften aus, die sich auf den feintonigen Schlickböden entwickeln. Der von der Flut regelmäßig überspülte Teil dieser Böden wird Watt genannt und trägt oft ausgedehnte Wiesen von *Seegras* (Zostera marina) (Taf. 34, Fig. 1). Landeinwärts schließen sich an die Watten die Marschen an. Der *Queller* oder das Glasschmalz (Salicornia herbacea) (Taf. 38, Fig. 6) mit seinen fleischigen Stengeln und schuppenförmigen Blättchen bedeckt an der Grenze zwischen Meer und Land weite Strecken. Hinter den Beständen des Quellers an etwas trockneren Standorten erscheint eine Gesellschaft von Pflanzen, die wir auch fernab vom Meere im Binnenlande antreffen können und die uns dort mit Bestimmtheit kochsalzhaltigen Boden anzeigt. Dazu gehören die *Salzschuppenmelde* (Spergularia salina), das *Meerstrand-Milchkraut* (Glaux maritima), die *Strand-Nelke* (Limonium vulgare), die *Grasnelke* (Statice Armeria var. maritima) (Taf. 38, Fig. 5), der *Strand-Wegerich* (Plantago maritima), die *Strand-Aster* (Aster Tripolium) (Taf. 38, Fig. 3) und der *Strandbeifuß* oder Meer-Wermut (Artemisia maritima) (Taf. 38, Fig. 8). Als Gras mischt sich in diese Gesellschaft der *Meerschwingel* (Atro-

Tafel 37. *Bewachsene Dünen* (bis 21 m hoch) auf der Nordsee-Insel Juist.

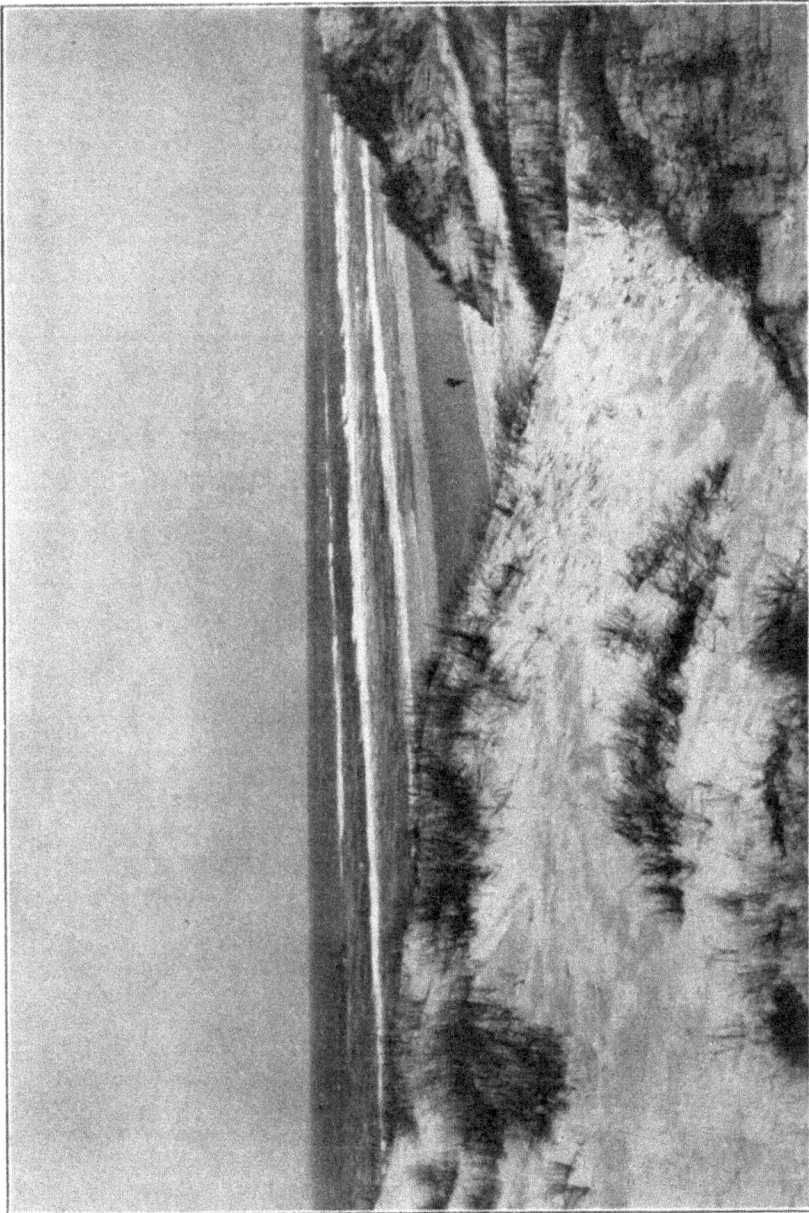

Foto: Knacksteit & Näther, Hamburg

Tafel 38. *Strandpflanzen*. 1. Strandhafer (Ammophila arenaria) blaßgelb, 2. Meersenf (Cakile maritima) hell-lila, 3. Strand-Aster (Aster Tripolium) violett, 4. Salzmiere (Honckenya peploides) weiß, 5. Grasnelke (Statice Armeria var. maritima) rosa. 6. Queller (Salicornia herbacea) grün, 7. Sandsegge (Carex arenaria) braun, 8. Meer-Wermut (Artemisia maritima) gelb.

H.Heil.

pis maritima (= Festuca thalassica)). Von anderen einkeimblättrigen Pflanzen sei der *Doppel-Dreizack* (Triglochin maritima) erwähnt.

Bau und Leistung wesentlicher Arten

Die Mehrzahl der Strandpflanzen fällt durch gewisse Eigentümlichkeiten ihres *Körperbaues* auf, die wir schon bei Pflanzen anderer Vereine kennengelernt haben. Die Blattflächen sind oft sehr klein wie bei dem Queller, oder grasartig schmal wie bei dem Strand-Wegerich und der Grasnelke. Die Blätter der eigentlichen Strandgräser vermögen sich zusammenzurollen. Die Stengel und auch Blätter vieler Formen, besonders derjenigen der Schlickböden sind fleischig angeschwollen. Das Gewebe dieser Pflanzen enthält sehr große Zellen, die eine Menge Wasser aufnehmen können. Es besteht eine auffällige Ähnlichkeit zwischen dem Bau vieler Strandpflanzen und dem der Fettpflanzen der trockensten Gegenden, wie z. B. dem Mauerpfeffer.

Aber im Gegensatz zu diesen steht das *physiologische Verhalten* der sukkulenten Strandpflanzen. Während im allgemeinen die Fettpflanzen bei Gelegenheit Wasser in ihren Körper aufnehmen und dieses nur äußerst langsam in der haushälterischsten und sparsamsten Weise wieder abgeben, sind die ähnlich aussehenden Strandpflanzen durch eine starke Wasserdurchströmung ausgezeichnet. Es besteht also ein Unterschied in der Wasserabgabe, die bei diesen Strandpflanzen durchaus nicht gehemmt ist, da ihre Spaltöffnungen wie die der meisten anderen Pflanzen bei Tage weit geöffnet sind.

Gegenüber der Mehrzahl der übrigen Gewächse besitzen die Strandpflanzen die Fähigkeit, ungeheure Mengen von Kochsalz (bis 17%) zu vertragen, die den andern Pflanzen unbedingt schädlich sind. Man nennt sie deswegen Salzpflanzen oder Halophyten.

Das massenhafte Auftreten einer einzigen Art dieser Salzpflanzen in oft weit ausgedehnten *Beständen* ist sehr auffallend. Die Pflanzen erzeugen entweder eine große Anzahl von Samen wie der einjährige Queller oder sie vermehren sich durch Ausläufer wie die Strandsegge und das Seegras.

Standortsfaktoren

Am Meeresstrand kann man zwei verschiedenartige Standorte unterscheiden. Der *Sandboden* übt einen ganz anderen Einfluß auf die Vegetation aus als der tonige *Schlickboden*.

Bei Beginn der Flut spült das Meer ständig Sand an die Küste, der sich im Laufe der Zeit zu ungeheuren Massen anhäuft. Während der Ebbe trocknet der Sand in den obersten Lagen oft sehr stark aus. Er wird von

119

dem Winde landeinwärts geweht und auf diese Weise dem Meere ent-
führt. Treffen die fliegenden Sandmassen auf ein Hindernis, so lagern sie
sich in dessen Umgebung ab und bilden den Anfang zu einer *Düne*. Diese
wachsen ständig an; benachbarte können miteinander zu einem Dünen-
zug verschmelzen. Aus diesen Sandbergen wäscht das Regenwasser allmählich das Seesalz von der Oberfläche heraus. Der Boden erfährt eine
Veränderung; aus den primären Dünen entstehen die sekundären. Ihr in
der Sonne blendend weißer Sand wird immer noch von dem Winde verlagert, bis die ganze Düne auf beiden Seiten mit Pflanzenwuchs überzogen ist (Taf. 37). Die Vegetation liefert Humusstoffe, und diese verändern die Farbe des Sandes in Grau, die charakteristische Farbe der
tertiären Dünen. Entsteht in der Pflanzendecke einer solchen Düne irgend-
wo eine Lücke, dann packt der Wind den Sand in dieser Wunde an und
baut die Düne allmählich ab: ihre Sandmassen werden langsam landeinwärts verlagert. Es bilden sich die für die menschlichen Kulturen so ge-
fährlichen Wanderdünen.

Ganz anders verhält sich der Schlickboden. Während er in seinen vom
Meere überspülten Teilen, im *Watt*, vom Wasser noch verlagert werden
kann, liegt er auf dem Lande in den *Marschen* fest. Der aus feinen
Teilchen bestehende Boden enthält über die Hälfte Sand, der mit Ton,
Eisenverbindungen und verhältnismäßig viel Kalk (7 bis 10%) gemischt
ist. Außerdem sind Reste von Organismen beigemengt und in der Nähe
der Küste die Seesalze. An höher gelegenen, nicht mehr vom Seewasser
bespülten Stellen nimmt das versickernde Regenwasser den in Bikarbonate umgesetzten Kalk und das Kochsalz mit in die Tiefe. Der zu Anfang
äußerst fruchtbare Boden büßt dadurch seine guten Eigenschaften ein
und wird unter Umständen untauglich für Pflanzenbesiedelung.

Durch das Ausgleichsbestreben der über Land und Meer verschieden stark
erwärmten Luftmassen findet eine nicht nur ziemlich heftige, sondern
auch fast ununterbrochene Luftbewegung statt. Der *Wind* wirkt, besonders
am Sandstrand, oberflächengestaltend, indem er Dünen schafft und
zerstört, und greift auch unmittelbar in das Leben der Pflanzengesellschaften ein. Messungen der Windstärken haben ergeben, daß die gering-
sten Geschwindigkeiten in der Nähe der die Luftmassen abbremsenden
Erdoberfläche liegen, während in weiterer Entfernung vom Boden die
Geschwindigkeiten ungehemmt anwachsen.

Beziehungen zwischen Pflanzen und Umgebung

Der stetig und in der Höhe heftig wehende Wind hindert größere Pflanzen
wie Sträucher und Bäume in ihrer Entwicklung. Er entreißt den transpi-

rierenden Blattflächen soviel Wasser, daß die Blätter vom Rande her verdorren und die Pflanze bald abstirbt. So ist das Aufkommen von einzelnen
Bäumen und auch von Wäldern an den meisten Küsten nicht möglich.
Nur an windgeschützten Stellen oder an solchen, die durch weniger starke
Luftbewegung begünstigt sind, können sich Baumbestände bilden.
Der Wind wirkt dann unter Umständen unmittelbar auf die äußere Form
der Bäume ein. Ihre Stämme wachsen nicht gerade aufwärts und bilden
eine allseitige und wohlgeformte Krone aus, sondern sie stehen gebückt,
manchmal fast rechtwinkelig nach der Seite umgebogen, nach der der
Wind weht. Man nennt sie *windgepeitschte Bäume*. Ist es den Stämmen
dennoch gelungen, kerzengerade aufrecht durch die anwehenden Luftmassen hindurchzudringen, dann preßt der Wind wenigstens die Seiten-
zweige in seine Richtung. Dabei sterben die dem Winde entgegenwach-
senden Äste frühzeitig ab, so daß der Baum aussieht, wie wenn seine halbe
Krone weggeschnitten wäre. Man spricht dann von *windgescherten
Bäumen*.
Die ständige Bewegung des Sandes macht eine Entwicklung von Ein-
jahrspflanzen unmöglich. Aber auch die mehrjährigen Gewächse haben
einen beständigen Kampf gegen den wandernden Boden zu bestehen.
Bald werden ihre oberirdischen Teile zugeweht, bald werden die Wurzeln
entblößt. Die Dünenpflanzen sind durch große Unempfindlichkeit gegen
diese Gefahren ausgezeichnet und besitzen besondere Einrichtungen, mit
deren Hilfe sie sich immer wieder aus der ungünstigen Lage herausfinden.
Geraten die waagrecht unter der Bodenoberfläche laufenden, weitaus-
gebreiteten Wurzelstöcke der Sandsegge infolge einer *Verschüttung* zu
tief in den Boden, dann wachsen die vorderen Spitzen solange schräg
nach oben, bis sie den richtigen Abstand zur Oberfläche gefunden haben.
Noch besser können sich die Dünengräser helfen wie der Strandroggen,
der Strandhafer und die Binsenquecke. Nach der Verschüttung ihrer
Halme strecken sich an deren Grunde die Stücke zwischen den Knoten
bedeutend in die Länge, so daß sich die oberen Teile bald wieder aus dem
aufgehäuften Sande herausschieben. Auch die Kriechweide und der Sanddorn können sich noch retten, wenn die Sanddeckung nicht gar zu dick
liegt. Die Stengel der Kriechweide bilden dann Wurzeln, und die Spitzen
der einzelnen Zweige wachsen über die neue Bodenoberfläche, bis statt
des einen alten Busches eine ganze Anzahl junger nebeneinander steht.
Der Sanddorn ist allerdings recht langsam in seinem Wachstum. Beide
Sträucher vertragen dagegen ganz gut die Freilegung des oberen Teiles
ihres Wurzelsystems durch Ausblasen des Sandes. Sie bilden dann über
die ganze Oberfläche der offenliegenden Wurzeln Ausschläge.

121

Die hohe Salzkonzentration der Bodenlösung besonders an Kochsalz wirkt zusammen mit dem austrocknenden Winde auf den Haushalt der Gewächse ein. Dieser Eingriff in das Leben der Pflanze prägt sich in ihrem Bau und letzten Endes in ihrer äußeren Erscheinung aus. Daß die *Fettblättrigkeit* —besonders der Pflanzen des salzigen Marschbodens —durch den Standort verursacht wird, kann man daran erkennen, daß dünnblättrige Pflanzen des salzlosen Binnenlandes wie z. B. die Hundskamille (Matricaria inodora) am Meeresstrande unter dem Einfluß der dort waltenden Faktoren ebenfalls sukkulent werden.

Auch am Meeresstrand besteht eine ausgesprochene Wechselwirkung zwischen Vegetation und Standort. Die Pflanzen sind in hohem Maße an der *Bodengestaltung* beteiligt. Die Primärdünen beginnen hinter dem Büschel irgendeines Strandgrases, das den Wind hemmt und ihm dadurch den fliegenden Sand abnimmt. In ähnlicher Weise verfängt sich der durch die Fluten herangespülte Schlickboden in dem Gewirr der Wattpflanzen. Besonders der Queller, der sich vom Lande aus auf zeitweise überschwemmten Boden hinauswagt, spielt durch den Schlickfang bei der Verlandung der Meeressäume eine bedeutungsvolle Rolle. Die Wurzeln der Marsch- und auch der Dünenpflanzen befestigen den losen Boden mit ihrem Filz und halten ihn gegen Losspülung oder Abwehung fest. Der Mensch bedient sich dieser wertvollen Eigenschaften, indem er auf losen Sandflächen weite Kulturen von geeigneten Pflanzen wie dem Strandhafer anlegt (Abb. 27).

Die Wald- und Baumgrenze

Jedem, der in einem höheren Gebirge emporsteigt, fällt eine bestimmte Gürtelbildung der Vegetation auf (Taf. 39). Die Laubwälder werden allmählich durch die Nadelwälder abgelöst. Nachdem die Fichten- und Arvenbestände lichter geworden sind, nehmen die einzelnen Bäume auch in ihrer Größe ab und bleiben endlich ganz aus. Statt der aufrechten Bäume erscheinen vielleicht noch einige Bergkiefern, die wegen der Ausbildung ihrer Stämme auch Legeföhren, Krummholz oder Latschen genannt werden. Auf diese letzten größeren Sträucher folgen kahle Gipfelbezirke. Damit sind zwei wichtige Vegetationsgrenzen durchschritten. Die *Waldgrenze* zieht sich dort entlang, wo die Auflösung des geschlossenen Bestandes, der sich aus gut entwickelten Bäumen zusammensetzt, beginnt. Die *Baumgrenze* liegt etwas höher, nämlich da, wo auch die weit auseinander stehenden Krüppelbäume nicht mehr gedeihen können.

Tafel 39. *Waldgrenze* (bei etwa 1700 m Höhe) *im Hochgebirge* (Kammhöhe etwa 2000 m Höhe) bei Riezlern im Allgäu.

Für die Wald- und Baumgrenzen gibt es verschiedene Ursachen, die in dem Zurücktreten einzelner Standortsfaktoren nach dem Gesetze vom Minimum zu erblicken sind.

In den Höhen der Gebirge wird die Baumgrenze —ähnlich wie im Norden — durch die Kälte bedingt. Die Bäume leiden weniger unter den tiefen Temperaturen des Winters, als unter dem *Mangel an Wärme* während ihrer Vegetationszeit. Sonst müßten die Gebiete mit den kältesten Wintern in Sibirien waldlos sein. Man konnte zeigen, daß die sommerlichen Temperaturen die Baumgrenze bestimmen, die im Norden in auffallender

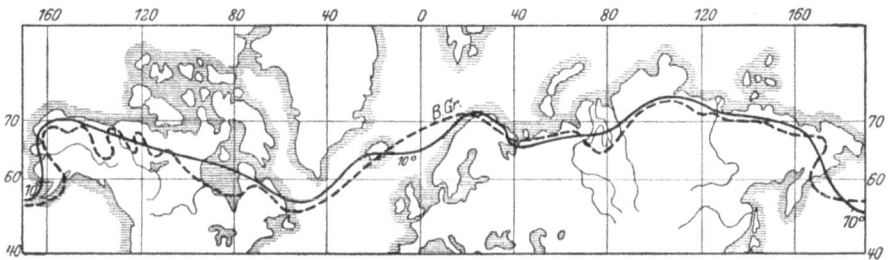

Abb. 28. *Verlauf der Baumgrenze* (- - -) *und der 10⁰-Juli-Isotherme* (--) *im Norden.*
Nach Dengler.

Weise mit dem Verlauf der 10⁰-Juli-Isotherme zusammenfällt (Abb. 28). In den Alpen stimmen für die Höhen bis 2000 m diese beiden Linien ähnlich überein.

In der Arktis wirkt noch ein anderer Faktor mit. Den Bäumen fehlt in dem ständig gefrorenen Boden das Betriebswasser. *Mangel an Feuchtigkeit* verursacht aber auch die Waldgrenze in wärmeren Gegenden. Die Ablösung des Waldes durch die Steppe ist lediglich durch die geringen Niederschläge dieser Gebiete bedingt. Nach H. Mayr beansprucht der Wald während seiner Vegetationsperiode von Mai bis August je nach der Luftfeuchtigkeit eine Gesamtniederschlagsmenge von wenigstens 50 bis 100 mm für diese 4 Monate. In Deutschland haben wir keine Gegend, die aus diesem Grunde unbewaldet sein müßte, da die Niederschläge für die genannte Zeitspanne stets über 200 mm liegen.

Ähnlich wie die Trockenheit in dem Lebensraum der Wurzeln wirkt die Trockenheit im Bereiche des Laubes, die durch den Wind hervorgerufen wird. Der Wind mag im Gebirge die Baumgrenze mit bedingen. Er allein bestimmt sie aber an der See. Im vorigen Abschnitt haben wir seine Wirkung auf die höheren Holzgewächse im einzelnen kennengelernt.

Zu diesen klimatischen Ursachen gesellt sich oft noch eine andere, die im Verein mit ihnen die Baumgrenze, in die für das Fortkommen der Bäume günstigen Gebiete verschiebt. Das weidende Vieh frißt nicht nur Gras und Kräuter vom Boden ab, es verschmäht auch nicht die jungen Baumsämlinge. Auf dem Weidegelände höherer Gebirgsgegenden, die durch ihre klimatische Ungunst zum Ackerbau untauglich sind, wird die Waldgrenze durch das Vieh herabgedrückt. Sogar in Mittelgebirgen, für die eine klimatische Baumgrenze noch gar nicht in Frage käme, entstehen auf diese Weise *Weidegrenzen* (Taf. 40).

Übungsarbeiten

A. Am Standort.

1. Stelle Pflanzenlisten auf: a) für die Sand- und Dünengesellschaften des Strandes, b) für die Schlickbewohner.
2. Beobachte den Einfluß des Standortes auf die Holzgewächse.
3. Grabe die Wurzelstöcke und Wurzeln von Strandpflanzen aus und erkläre dir ihre Beziehungen zum Standort.
4. Suche nach den verschiedenen Entwicklungszuständen der Dünen. Beobachte den Anfang einer Dünenbildung und ihre Ursache.
5. Besuche im Binnenland Orte mit einer „Salzflora" und lerne dort zwischen Salzpflanzen und Pflanzen der salzlosen Böden unterscheiden.
6. Gib dir auf Wanderungen Rechenschaft über die Ursachen der Wald- und Baumgrenzen.

B. Im Zimmer.

Untersuche den Aufbau der Sandpflanzen und der Schlickpflanzen (Queller) unter dem Mikroskop.

Tafel 40. A. *Waldgrenze im Mittelgebirge* auf dem Rees-Berg (Höhe 864 m) in der Rhön. B. *Viehverbissener Weißdornbusch*, sogenannter Kuhbusch, auf dem Arnsberg in der Rhön. Über der Reichhöhe der weidenden Tiere bilden die Büsche Kronen aus.

A

B

Aufnahme H. Heil

III. Vom Werden und Vergehen der Pflanzengesellschaften

Bei der Betrachtung der einzelnen Pflanzengesellschaften konnten wir zur Genüge erkennen, daß überall Wechselbeziehungen zwischen den Pflanzen und ihrer Umgebung bestehen. Wenn einerseits der Standort durch das Zusammenspiel seiner zahlreichen Faktoren die Vorbedingungen für einen ganz bestimmten, ihm eigentümlichen Pflanzenverein schafft, so geht auch von diesem ein ständig wirkender und sich im Laufe der Zeit steigernder Einfluß auf die Umgebung aus. Einzelne Faktoren werden dabei in ihrer Stärke verändert. Neuartiges entsteht und nach geraumer Zeit sind die Außenbedingungen ganz andere geworden. Die Pflanzengesellschaft, die einst alle Voraussetzungen zu einer gesunden Entwicklung vorfand, hat sich selbst ihre Daseinsmöglichkeiten genommen, sie vergeht und hinterläßt ihren Platz einer anderen, die günstiger ausgerüstet und in ihren Ansprüchen besser auf die veränderte Zusammensetzung des Standortes eingestellt ist. So lösen sich die Pflanzengesellschaften nacheinander ab, nachdem jede gelebt und gewirkt hat. Diese natürliche Folge der Pflanzenvereine, die man in der Vegetationskunde als *Sukzession* bezeichnet, läuft geradezu gesetzmäßig ab, wenn sie nicht durch Katastrophen, zu denen schließlich auch die menschlichen Eingriffe gehören, unterbrochen wird. Manche Pflanzengesellschaften, die weniger empfindlich gegenüber einer Veränderung ihres Standortes sind, oder diesen nur langsam umbilden, verweilen länger, andere dagegen haben ein verhältnismäßig kurzes Leben. In unserem Klima hat der Wald gegenüber anderen Pflanzenvereinen eine lange Lebensdauer. Ohne äußere Eingriffe räumt er nicht so leicht das Feld. Man nennt ihn deshalb das *Klimax*stadium unserer Vegetation.

Unter den Pflanzengesellschaften zeichnen sich solche besonders aus, die nackten Boden besiedeln, der vorher noch keinen Pflanzenwuchs trug. Mit ihnen beginnt eine *Sukzessionsreihe*, die unter normalen Umständen mit dem Klimaxstadium endet. Wie sich im einzelnen die Pflanzengesellschaften ablösen, hängt von den bestehenden äußeren Einflüssen ab. Wir haben seither eine Anzahl der auffallenderen Pflanzengesellschaften unserer

Heimat betrachtet und fanden unter ihnen drei, die auf unbesiedeltem Boden Fuß faßten. Wir wollen im folgenden noch einmal kurz die von ihnen ausgehenden Sukzessionsreihen überblicken. Dabei müssen wir uns klar sein, daß die Entwicklung einer jeden Reihe je nach Klima, Boden und den Einflüssen der übrigen Lebewesen verschieden verlaufen kann. Es handelt sich also nur um bestimmte Möglichkeiten. Sind diese jedoch klar erkannt, dann dürfte es nicht schwer fallen, andere ähnliche Zusammenhänge zu durchschauen.

Eine Reihe geht von der Besiedlung des festesten Bodens aus, des kaum verwitterten *Felsens* (Abb. 29).

Dieser äußerst ungünstige Standort wird dennoch von anspruchslosen, niederen Pflanzen eingenommen, die sich, wenn es die Löslichkeit eines Kalkgesteines erlaubt, unter die Oberfläche zurückziehen. Allmählich schaffen diese Erstbesiedler im Verein mit den atmosphärischen Kräften günstigen Boden für anspruchslose Oberflächenformen. Erst wenn sich durch stärkere Verwitterung Klüfte und Spalten gebildet haben, nehmen auch die höheren Pflanzen den Platz ein. Eine besondere Pflanzengesellschaft nützt die Wände der Felshöhlen aus.

Der *Schutt* bietet der Vegetation eine bessere Gelegenheit zur Entfaltung. An diesem Standort finden wir auch stärkere Wechselwirkung. Die Pflanzen tragen zur Bildung der Feinerde bei, die sich zunächst zwischen den Gesteinstrümmern ansammelt und sich später als Decke über die zertrümmerten Felsstücke legt. Damit ist aber schon anspruchsvolleren Gewächsen, wie den Bäumen, Gelegenheit zur Entwicklung gegeben. Der Wald schafft sich einen eigenen Lebensraum, in dem mannigfaltige und zum Teil einseitig eingestellte Formen, wie die Pilze, zur Entfaltung kommen.

Bei weiterer Zerkleinerung des Schuttes entsteht der *Sand*, der durch das Wasser zu großen Massen zusammengetragen wird. Der Wind verlagert ihn und sortiert ihn nach der Korngröße. Der gröbere, zumeist aus Quarzkörnern bestehende Flugsand bleibt dabei in der Ebene, wo er zu Dünen angehäuft wird. Der staubfeine nährstoffreiche Löß wird von dem Winde weiter bis auf die Bergabhänge getragen. Wieder entstehen neue Pflanzengesellschaften, die je nach der Veränderung des Flugsandes ihr eigenes Gepräge haben. Aber wiederum findet eine Rückwirkung statt. Wie der Schutt durch die Vegetation mit Feinerde durchsetzt wurde, so wird der Sand allmählich mit Humus durchmischt. Er trägt Kiefernwälder, die eine Menge neuer Formen in sich bergen.

Eine andere Reihe beginnt in dem *Süßwasser* (Abb. 30). Den grünen Pflanzen ist eine Besiedlung nur dann möglich, wenn die über ihnen

126

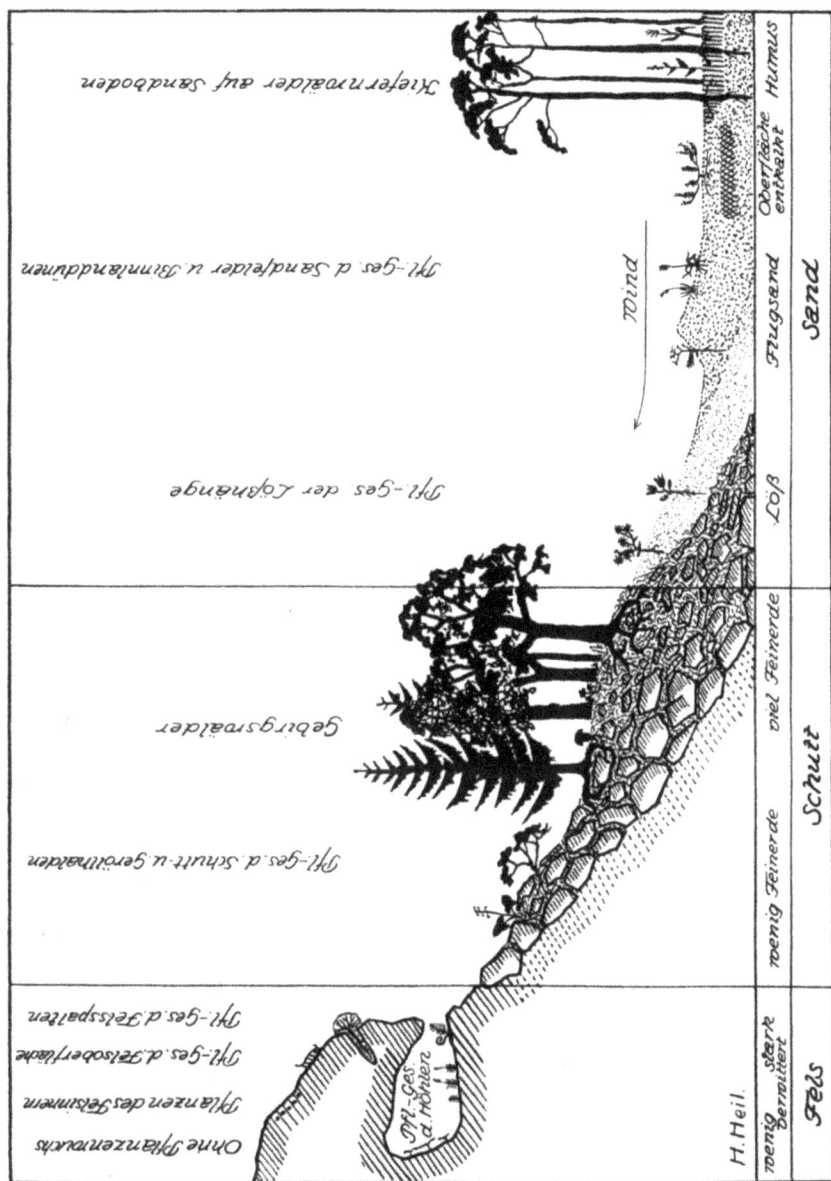

Abb. 29. Sukzessionsreihe: Felsvegetation — Sandvegetation.

liegenden Wasserschichten genügend Licht für sie durchlassen. Im flacheren Wasser können sie ihre Blätter an die Wasseroberfläche bringen und sich zu Schwimmpflanzen entwickeln. In der Nähe des Ufers heben sie den größten Teil ihres Körpers aus dem Wasser. Zwischen ihnen fangen sich Stoffe, die den Boden auffüllen und das Wasser verdrängen. Der Standort verändert sich, wozu die Pflanzen mit ihren abgestorbenen Resten wesentlich beitragen. In der Zone des Röhrichts geht die Verlandung verhältnismäßig rasch von statten.

An Stelle des Wassers entsteht das *Moor*. Das Flachmoor wird stark mit nährstoffreichem Grundwasser versorgt. Außerdem werden bei den häufigen Überflutungen große Mengen von Sinkstoffen zurückgelassen, die ebenfalls der üppigen Vegetation zugute kommen. Wenn im *Flachmoor* durch die schlechte Bodendurchlüftung infolge der Wasserdurchtränkung Baumwuchs noch nicht möglich ist, so setzen sich anspruchslosere Bäume mit der Zeit auf die durch die Vegetation erhöhten und darum trockneren Stellen fest und bilden nach und nach einen *Au-* oder *Bruchwald*. Die nicht vollständig zersetzten Reste der stark entwickelten Vegetation werden im Boden von oben her durch den Druck der neuen Vegetationsmassen zu einer wasserundurchlässigen Schicht zusammengepreßt. So entsteht eine Abdichtung gegen das von unten aufsteigende Grundwasser. Die oberen Bodenschichten verarmen an Nährstoffen, das anspruchslose Torfmoos siedelt sich an und erstickt bei kraftvoller Entwicklung allmählich die übrige Vegetation, besonders die Bäume. Wiederum schaffen sich die Pflanzen einen neuen Standort, zu dem das Übergangsmoor allmählich hinleitet. Die Pflanzendecke verändert sich vollkommen; das Torfmoos beherrscht das Bild. Es setzt sich wie ein Schwamm, der gierig das Regenwasser aufsaugt, auf den seitherigen Boden. Das Grundwasser mit seinem Nährstoffreichtum erreicht die neue Bildung bei weitem nicht mehr. Ein nährstoffarmer Standort, der nur Pflanzen mit ganz bestimmten Fähigkeiten zuläßt, hat sich gebildet, das *Hochmoor*.

Aber wiederum arbeitet die Vegetation weiter. Aus dem gleichmäßig feuchten Schwamm ragen gleich Inseln einzelne Stellen hervor, die durch ihre größere Trockenheit dem Heidekraut ein Emporkommen möglich machen. So kann das Hochmoor allmählich in die *Heide* übergehen, die sich ebenfalls durch dürftigen Boden auszeichnet. Ab und zu vermag sich die anspruchslose Kiefer die besseren Teile dieser Formation zu erobern.

Wieder eine andere Reihe nimmt vom *Meere* ihren Ausgang. Hierbei ist zunächst von einer Veränderung des Standortes durch die Wasservegetation nichts zu merken. Der Lebensraum mit seinen ungeheuren Wasser-

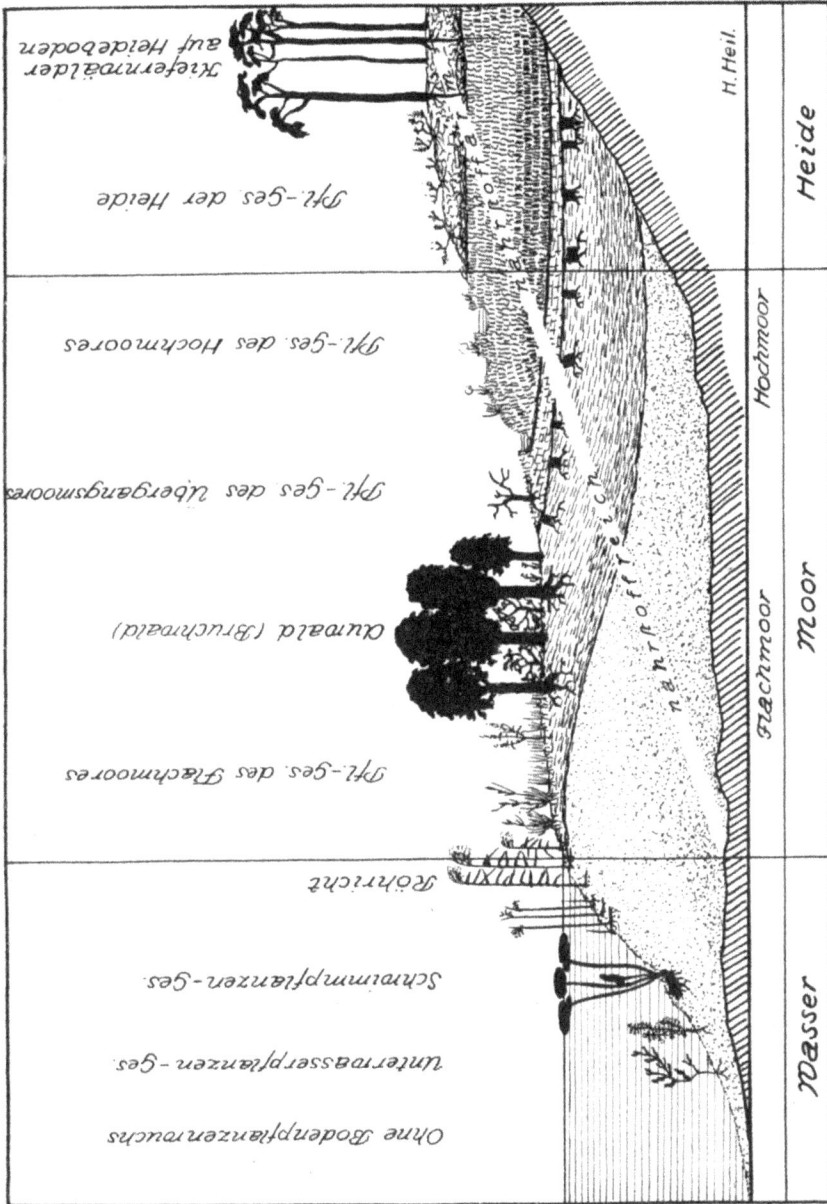

Abb. 30. Sukzessionsreihe: Wasservegetation — Heidevegetation.

massen ist hier der Einwirkung der Vegetation derart überlegen, daß es gar nicht zu einer Wechselwirkung kommt.

Anders ist dieses Verhältnis am *Strand.* Die weitausgedehnten Bestände der Wattenpflanzen halten den angespülten Schlick zurück und tragen dadurch zu dem Aufbau des Landes bei. Die Dünenpflanzen legen durch das Flechtwerk ihrer Wurzeln und unterirdischen Stammteile den losen Sand fest, ja leiten sogar als Windhindernisse die Dünenbildung ein. So spielt die Vegetation auch am Meeresstrand bei der Oberflächengestaltung des Bodens eine wesentliche Rolle.

Alle diese Zusammenhänge zeigen uns deutlich, daß die Pflanze nicht nur als Einzelwesen zu werten ist, sondern daß ihre Hauptbedeutung in dem Wirken ihrer gesellschaftlichen Verbände liegt. Wenn man früher die Formationen nur als charakteristische Decken der Erdoberfläche ansah, die mithalfen, das Landschaftsbild zu bestimmen, so muß man sich heute darüber Klarheit verschaffen, daß durch das Werden und Vergehen der durch ihre Umwelt bedingten Pflanzengesellschaften, d. h. durch das Leben der höheren Einheit, tiefgreifende Umgestaltungen der Umgebung erfolgen.

Schriften-Verzeichnis

(Die Benutzung wird durch die Hinweise im Stichwort-Verzeichnis erleichtert)

A. Bestimmungsbücher

1. *Grupe, H.*, Naturkundliches Wanderbuch. Große Ausgabe. Frankfurt a. M. 1930.
2. *Hegi, G.*, Illustrierte Flora von Mitteleuropa. 7 Bde. M. 280, meist farb. Tafeln u. etwa 4000 Fig. München 1906—1931.
3. *Neger, F.*, Die Laubhölzer. Mit 74 Textabb. und 6 Tabellen. 1914. Sammlung Göschen. Bd. 718.
4. *Neger. F.*, Die Nadelhözer und übrigen Gymnospermen. Mit 85 Abb.. 5 Tabellen und 4 Karten. 1907. Sammlung Göschen. Bd. 355.
5. *Potonié, H.*, Taschenatlas zur Flora von Nord- und Mitteldeutschland. 7. Aufl. Jena 1923.
6. *Pascher. A.*, Die Süßwasserflora Deutschlands, Österreichs und der Schweiz. 1. u. 2. Aufl. Heft 1—14. M. vielen Fig. Jena 1913—31.
7. *Schmeil, O.* und *Fitschen, J.*, Flora von Deutschland. 44. Aufl. Mit 1000 Abb. Leipzig 1932.
8. *Migula, W.*, Kryptogamen-Flora v. Deutschland. Deutsch-Österreich und der Schweiz. 4 Bde. Mit vielen z. T. farbigen Tafeln. Gera. Berlin-Lichterfelde. 1904—1931.
9. *Wünsche-Abromeit*, Die Pflanzen Deutschlands. Die höheren Pflanzen. 13. Aufl. Leipzig 1932.
10. *Wünsche, O.*, Die Kryptogamen Deutschlands. Die höheren Kryptogamen. (Moose. Schachtelhalme, Farne, Bärlappe.) Leipzig 1875. [Beim Verlag noch zu haben.]
11. *Wünsche, O.*, Die Alpenpflanzen. Zwickau 1893.

B. Allgemeine Werke

12. *Benecke, W.*, und *Jost, L.*, Pflanzenphysiologie. 2 Bde. 4. Aufl. Jena 1923 24.
13. *Diels, L.*, Pflanzengeographie. 2. Aufl. 1918. Sammlung Göschen. Bd. 389.
14. *Graebner, P.* (Warming, E. †), Lehrbuch der ökologischen Pflanzengeographie. 4. Aufl. Berlin 1930.
15. *Handwörterbuch der Naturwissenschaften.* 2. Aufl. Jena 1932. Im Erscheinen.
16. *Hueck, K.*. Pflanzenwelt der deutschen Heimat und der angrenzenden Gebiete. 3 Bde. Mit zahlreichen teils farbigen Tafeln und Abb. Berlin 1929—32.
17. *Kästner, M.*, Wie untersuche ich einen Pflanzenverein? Biologische Arbeit. Heft 7. Leipzig 1919.
18. *Kirchner, O., Loew, E., Schroeter, C.*, Lebensgeschichte der Bütenpflanzen Mitteleuropas. Spezielle Ökologie der Blütenpflanzen Deutschlands, Österreichs und der Schweiz. Mehrere Bde. m. viel. Fig. Stuttgart 1904. Noch nicht abgeschlossen.

19. *Kostytschew*, *S.*, und *Went*, *F. A. C.*, Lehrbuch der Pflanzenphysiologie. 2 Bde. Mit 116 Abb. Berlin 1926—31.
20. *Markgraf*, *Fr.*, Kleines Praktikum der Vegetationskunde. Mit 31 Abb. Berlin 1926. Aus: Biologische Studienbücher.
21. *Neger*, *W.*, Biologie der Pflanzen auf experimenteller Grundlage. 315 Textabb. Stuttgart 1913.
22. *Rawitscher*, *F.*, Die heimische Pflanzenwelt in ihren Beziehungen zu Landschaft, Klima und Boden. Mit 64 Bildern im Text und 11 Bildertafeln. Freiburg 1927.
23. *Schoenichen*, *W.*, Methodik und Technik des naturgeschichtlichen Unterrichts. 2. Aufl. Mit 12 Tafeln und 94 Abb. Leipzig 1926.
24. *Strasburger*, *E.*, Lehrbuch der Botanik für Hochschulen. 18. umgearbeitete Auflage. Bearbeitet von H. Fitting, H. Sierp, R. Harder, G. Karsten. Mit 874 z. T. farbigen Abbildungen im Text. Jena 1931.
25. *Walter*, *H.*, Einführung in die allgemeine Pflanzengeographie Deutschlands. Mit 170 Abb. im Text u. 4 Karten. Jena 1927.

C. Einzeldarstellungen

26. *Akerman*, *A.*, und *Linberg*, *J.*, Studien über Kältetod und Kälteresistens der Pflanzen nebst Untersuchungen über Winterfestigkeit des Weizens. Lund 1927.
27. *Bachmann*, *H.*, Kalklösende Algen. (Ber. d. Deutsch. Botan. Ges. 33. 1915.)
28. *Baumann*, *E.*, Vegetation des Untersees (Bodensee). In: Vegetationsbilder. 9. Reihe, Heft 3. Jena 1911/12.
29. *Berger*, *A.*, Die Entwicklungslinien der Kakteen. Mit 71 Abb. und 16 Schemata im Text. Jena 1926.
30. *Blanck*, *E.*, Handbuch der Bodenlehre. 10 Bde. Berlin 1932.
31. *Braun-Blanquet*, *J.*, Pflanzensoziologie. Grundzüge der Vegetationskunde. Mit 168 Abb. Berlin 1928.
32. *Brockmann-Jerosch*, *H.*, Die Kulturpflanzen, ein Kulturelement der Menschheit. (Veröff. d. geobot. Inst. Rübel. Heft 3.) Zürich 1925.
33. *Bruns*, *F.*, Die Zeichenkunst im Dienste der beschreibenden Naturwissenschaften. Mit 6 Abb. im Text und 44 Tafeln. Jena 1922.
34. *Bülow*, *K. v.*, Moorkunde. Mit 20 Abb. 1925. Sammlung Göschen. Bd. 916.
35. *Büsgen*, *M.*, und *Münch*, *E.*, Bau und Leben unserer Waldbäume. 3. Aufl. Mit 173 Abb. im Text. Jena 1927.
36. *Burgeff*, *H.*, Die Wurzelpilze der Orchideen. 1. Aufl. Mit 38 Abb. im Text und 3 Tafeln. Jena 1909. [2. Aufl. befindet sich in Vorbereitung.]
37. *Dengler*, *A.*, Waldbau auf ökologischer Grundlage. Mit 247 Abb. im Text und 2 farbigen Tafeln. Berlin 1930.
38. *Diels*, *L.*, Die Algenvegetation der Südtiroler Dolomitriffe. Ein Beitrag zur Ökologie der Lithophyten. (Ber. Deutsch. Bot. Ges. 32. [1914.] S. 502.)
39. *Drude*, *O.*, Der hercynische Florenbezirk. Grundzüge der Pflanzenverbreitung im mitteldeutschen Berg- und Hügellande vom Harz bis zur Rhön, bis zur Lausitz und dem Böhmerwald. Mit 5 Vollbildern, 16 Textfig. und 1 Karte. Aus: Die Vegetation der Erde. Leipzig 1902.
40. *Feucht*, *O.*, Der nördliche Schwarzwald. In: Vegetationsbilder. 7. Reihe, Heft 3. Jena 1909/10.
41. *Feucht*, *O.*, Die schwäbische Alb. In: Vegetationsbilder 8. Reihe, Heft 3. Jena 1910—11.

42. Firbas, Fr., Untersuchungen über den Wasserhaushalt der Hochmoorpflanzen. Mit 40 Textfig. (Jahrb. f. wiss. Botanik 74 (1931), S. 460—696.)

43. Fitting, H., Die ökologische Morphologie der Pflanzen im Lichte neuerer physiologischer und pflanzengeographischer Forschungen. Jena 1926.

44. Furrer, E., Begriff und System der Pflanzensukzession. (Vierteljahrsschrift d. Naturf. Ges. Zürich 67.) Zürich 1922.

45. Geiger, R., Das Klima der bodennahen Luftschicht. Mit 62 Abb. Aus: Die Wissenschaft. Bd. 78. Braunschweig 1927.

46. Geiger, R., Mikroklima und Pflanzenklima. Mit 29 Abb. Berlin 1930.

47. Glück, H., Biologische und morphologische Untersuchungen über Wasser- und Sumpfgewächse. 4 Bde. Mit vielen Abb. und Tafeln. Jena 1906—1924.

48. Gmelin, E., Untersuchungen über die Bedeutung der Baummykorrhiza. Eine ökologisch-physiologische Studie. Mit 48 Abb. im Text. Jena 1925.

49. Gradmann, R., Das Pflanzenleben der schwäbischen Alb mit Berücksichtigung der angrenzenden Gebiete Süddeutschlands. 2. Aufl. 2 Bde. Mit 50 Chromotafeln, 2 Kartenskizzen, 10 Vollbildern und 200 Textfig. Tübingen 1900.

50. Graebner, P., Die Heide Norddeutschlands und die sich anschließenden Formationen in biologischer Betrachtung. 2. Aufl. Mit einer Karte, 78 Abb. Leipzig 1925.

51. Haberlandt, G., Physiologische Pflanzenanatomie. 6. Aufl. Mit 295 Abb. Leipzig 1924.

52. Hausrath, H., Der deutsche Wald. 2. Aufl. Leipzig 1914. Aus: Natur und Geisteswelt.

53. Hegi, G., Alpenflora. 7. Aufl. Mit 38 Tafeln und zahlreichen Abb. München 1930.

54. Heil, H., Altrhein-Vegetation. In: Vegetationsbilder 20. Reihe. Heft 2. Jena 1929.

55. Heyl, F., Denkschrift über den Generalkulturplan für die Verbesserung der Wasser- und Bodenverhältnisse im gesamten hessischen Ried. Darmstadt 1929.

56. Hiltner, E., Die Phaenologie und ihre Bedeutung. Freising München 1926.

57. Höck, F., Pflanzen der Schwarzerlenbestände Norddeutschlands. (Botan. Jahrbücher 22 [1896].)

58. Höll, K. Oekologie der Peridineen. Aus: Pflanzenforschung. Heft 2. Jena 1928.

59. Hoss, W., Die Methoden der Messungen der Wasserstoffionenkonzentrationen im Hinblick auf botanische Probleme. Diss. Tübingen 1932.

60. Huber, Br., und *Höfler, K.*, Die Wasserpermeabilität des Protoplasmas. Mit einer Tafel und 31 Textfiguren. (Jahrb. f. wiss. Botanik 73 [1930]. S. 351—511.)

61. Ihne, E., Phänologische Mitteilungen. Darmstadt. Erscheinen jährlich.

62. Keilhack, K., Die großen Dünengebiete Norddeutschlands. (Zeitschr. d. Deutsch. Geol. Ges. 69 [1917].)

63. *Klein, L.*, Charakterbilder mitteleuropäischer Waldbäume. In: Vegetationsbilder 2. Reihe, Heft 5—7. Jena 1904.

64. *Koernicke, M.* und *Roth, F.*, Eifel und Venn. In: Vegetationsbilder. 5. Reihe. Heft 1/2. Jena 1907.

65. *Kolbe, R. W.*, Zur Ökologie, Morphologie und Systematik der Brackwasserdiatomeen. Mit 10 Abb. im Text und 3 Tafeln. Aus: Pflanzenforschung. Heft 7. 1927.

66. *Kostytschew, S.*, Pflanzenatmung. Mit 10 Abb. Jena 1924.

67. *Kraus, G.*, Boden und Klima auf kleinstem Raum. Mit einer Karte. 7 Tafeln und 5 Abb. im Text. Jena 1911.

68. *Krieger, W.*, Zur Biologie des Flußplanktons. Mit 1 Karte. 47 Kurven im Text und 5 Tafeln. Aus: Pflanzenforschung. Heft 10. 1927.

133

69. *Kuckuck, P.*, Der Strandwanderer. 4. Aufl. Mit 32 Tafeln. München 1929.
70. *Lampert, K.*, Das Leben der Binnengewässer. 3. Aufl. Mit 17 ein- und mehr-farbigen Tafeln und 286 Abb. im Text. Leipzig 1925.
71. *Lauterborn, R.*, Die Vegetation des Oberrheins. (Verh. d. Naturh.-Med. Ver. Heidelberg, N. F. 10 [1910].)
72. *List, Th.*, Das Teichplankton in der Umgebung von Darmstadt. Mit 4 Tafeln. Festgabe zum 50jährigen Bestehen des nat.-wiss. Vereins zu Darmstadt. Darmstadt 1929.
73. *Lundegardh, H.*, Klima und Boden in ihrer Wirkung auf das Pflanzenleben. 2. Aufl. Mit 129 Abb. im Text und 2 Karten. Jena 1930.
74. *Mevius, W.*, Reaktion des Bodens und Pflanzenwachstum. Freising/München 1927.
75. *Meyer, Fr. J.*, Blatt- und Wurzelwettbewerb im Sommerwald und Nadelwald. Berlin 1932. In: Repertorium specierum novarum regni vegetabilis. Beihefte. Bd. 66, C.
76. *Michaelis, L.*, Die Wasserstoffionenkonzentration, ihre Bedeutung für die Biologie und die Methoden ihrer Messung. Teil I: Die theoretischen Grundlagen. 2. Aufl. Berlin 1922. Teil II: Oxydations-Reduktionspotentiale. Mit 16 Abb. Berlin 1929.
77. *Mislowitzer, E.*, Die Bestimmung der Wasserstoffionenkonzentration von Flüssigkeiten. Mit 184 Abb. Berlin 1928.
78. *Müller, K.*, Vegetationsbilder aus dem Schwarzwald. In: Vegetationsbilder 9. Reihe, Heft 6/7. Jena 1911/12.
79. *Nelson, E.* und *Fischer, H.*, Die Orchideen Deutschlands und der angrenzenden Gebiete. 20 farbige und eine schwarze Tafel. München 1931.
80. *Nienburg, W.*, Die Besiedelung des Felsstrandes und der Klippen von Helgoland. (Wissenschaftl. Meeresuntersuchungen N. F. Abt. Helgoland 15 [1925].)
81. *Nienburg, W.*, Zur Ökologie der Flora des Wattenmeeres. Teil 1. Königshafen bei List auf Sylt. Mit Karte, 2 Tafeln und 10 Fig. Kiel 1927.
82. *Nitzschke, H.*, Die Halophyten im Marschgebiete der Jade. In: Vegetationsbilder 17. Reihe, Heft 4. Jena 1921/22.
83. *Oltmanns, Fr.*, Pflanzenleben des Schwarzwaldes. 2 Bde. 1. Bd.: Text, 2. Bd.: Bilder und Karten. Freiburg 1922.
84. *Oltmanns, Fr.*, Morphologie und Biologie der Algen. 3 Bde. 2. Aufl. Jena 1922/23.
85. *Osvald, H.*, Die Hochmoortypen Europas. Zürich 1925. (Veröff. des geobot. Inst. Rübel, Heft 3.)
86. *Pflanzenareale.* Samml. kartogr. Darstell. v. Verbreitungsbezirken d. lebenden u. fossilen Pflanzen-Familien. -Gattungen u. -Arten. Jena. Erscheint seit 1926.
87. *Ramann, E.*, Bodenkunde. 3. Aufl. Mit 63 Textabb. und 2 Tafeln. Berlin 1911.
88. *Rübel, E.*, Geobotanische Untersuchungsmethoden. 69 Textfig. und 1 Tafel. Berlin 1922.
89. *Rübel, E.*, Pflanzengesellschaften der Erde. Mit 242 Fig. und mit einer 10farbigen Erdkarte über die klimatischen Formationsklassen. Bern/Berlin 1930.
90. *Schenck, H.*, Die Biologie der Wassergewächse. Mit 2 Tafeln. Bonn 1886.
91. *Schenck, H.*, Alpine Vegetation. In: Vegetationsbilder 6. Reihe, Heft 5/6. Jena 1908.
92. *Schenck, H.*, Flechtenbestände. In: Vegetationsbilder 12. Reihe, Heft 5. Jena 1914/15.
93. *Schimper, A. F. W.*, Pflanzengeographie auf physiologischer Grundlage. 2. Aufl. Mit 502 als Tafeln oder in den Text gedruckten Abb. in Autotypie, 5 Tafeln in Lichtdruck und geographischen Karten. Jena 1908. [3. Aufl. im Druck.]

134

94. *Schmidt, O. C.*, Die Algenvegetation Helgolands. In: Vegetationsbilder 19. Reihe, Heft 5. Jena 1928.

95. *Schoenichen, W.*, Mikroskopische Untersuchungen zur Biologie der Samen und Früchte. Mit 95 Abb. Aus: Biologische Arbeit. Heft 17. Freiburg 1923.

96. *Schroeter, C.*, Das Pflanzenleben der Alpen. Eine Schilderung der Hochgebirgs-flora. 2. Aufl. Mit 316 Abb.. 6 Tafeln und 9 Tabellen. Zürich 1926.

97. *Siegrist, R.*, Die Auenwälder der Aare. Zürich 1913.

98. *Spilger, L.*, Die Pflanzenwelt des Bergsträsser Sandgebietes. (Notizblatt des Vereins für Erdk. und der hess. geol. Landesanstalt zu Darmstadt. 5. Folge, 10. Heft [1928].)

99. *Steuer, A.*, Planktonkunde. Berlin und Leipzig 1910.

100. *Stocker, O.*. Halophytenproblem. Mit 29 Abb. Berlin 1928.

101. *Stoklasa, I.*, und *Doerell, E.*. Handbuch der biophysikalischen und biochemischen Durchforschung des Bodens. Mit 91 Textabb. Berlin 1926.

102. *Swart, M.*, Die Stoffwanderung in ablebenden Blättern. Mit 5 Tafeln. Jena 1914.

103. *Thienemann, A.*, Die Binnengewässer Mitteleuropas. Stuttgart 1926.

104. *Treadwell, F. P.*, Kurzes Lehrbuch der analytischen Chemie. Bd. 2: Quantitative Analyse. 11. Aufl. Mit 131 Abb. im Text. Leipzig und Wien 1927.

105. *Troll, W.*. Taschenbuch der Alpenpflanzen. 2. Aufl. 172 Pflanzenbilder auf 25 far-bigen und 26 schwarzen Tafeln und 154 Seiten mit 6 Abb. Eßlingen 1928.

106. *Vageler, P.*. Bodenkunde. 2. Aufl. Mit einer Fig. 1921. Sammlung Göschen. Bd. 455.

107. *Volk, O. H.*, Beiträge zur Ökologie der Sandvegetation der Oberrheinischen Tief-ebene. Mit 21 Abb. im Text. (Ztschr. f. Botanik 24 [1931], S. 81.)

108. *Wagner, W.*, Die Bodenarten der hessischen Weinbaugebiete. Mit 1 Karte 1:80000. Mainz 1927.

109. *Walter, H.*, Verdunstungsmessungen auf kleinstem Raume in verschiedenen Pflanzengesellschaften. Mit 21 Textfig. (Jahrb. f. wiss. Botanik 68 [1928], S. 233—288.)

110. *Walter, H.*, Die Hydratur der Pflanze und ihre physiologisch-ökologische Bedeu-tung. (Untersuchungen über den osmotischen Wert.) Mit 73 Abb. im Text. Jena 1931.

111. *Weber, C. A.*, Aufbau und Vegetation der Moore Norddeutschlands. (Bot. Jahrb. 40, Beihefte 90 [1907].)

112. *Werth, E.*, Phaenologie und Pflanzenschutz. (Ztschr. f. Pflanzenkrankheiten 31 [1921], S. 81—89.)

113. *Wiesner, J.*. Lichtgenuß der Pflanzen. Mit 25 Abb. Leipzig 1907.

Alphabetisches Verzeichnis der Pflanzen-
namen und Stichworte

Die Ziffern und Hinweise in Klammer beziehen sich auf die Nummern des Schriften-Verzeichnisses.

Die Schreibweise der Pflanzennamen ist aus dem Gesamtregister zu der Flora von Hegi übernommen.

141

143

Urbild und Ursache in der Biologie

Von Hans André. 371 S., 127 Abb., 3 Taf. 8⁰. 1931. M. 14.80, in Leinen geb. M. 16.50.

Urwelt, Sage und Menschheit

Eine naturhistorisch-metaphysische Studie. Von Edgar Dacqué. 6. Auflage. 376 S., 27 Abb. 8⁰. 1931. M. 7.50, in Leinen geb. M. 9.50.

Die Erdzeitalter

Von Edgar Dacqué. 576 S., 396 Abb., 1 Taf. Gr.-8⁰. 1930. M. 21.50, in Halbleinen geb. M. 25.50.

Bestimmungsbuch für deutsche Land- und Süßwassertiere

Von Ludwig Döderlein. 8⁰. *Mollusken und Wirbeltiere.* 193 S., 118 Abb. 1931. In Leinen geb. M. 6.50.

Insekten I. Käfer, Wespen, Libellen, Heuschrecken usw. 296 S., 180 Abb. 1932. In Leinen geb. M. 11.20. *II.* Wanzen, Fliegen und Schmetterlinge. 287 S. 142 Abb. 1932. In Leinen geb. M. 9.80.

Metaphysik der Natur

Von Hans Driesch. 95 S. Gr.-8⁰ 1927. M. 4.-.

Handbuch der Paläobotanik

Von Max Hirmer. Gr.-8⁰. Bd. 1: Mit Beiträgen von Jul. Pia und Wilh. Troll: Tallophyta - Bryophyta - Pteridophyta. 724 S., 817 Abb. 1927. M. 40.-. In Leinen geb. M. 43.-.

Grundzüge der Paläontologie (Paläozoologie)

Von K. A. v. Zittel. Bd. I: Invertebrata. 6. Auflage. 741 S. Gr.-8⁰. 1924. M. 12.80, in Leinen geb. M. 15.-.

Bd. II: Vertebrata. 4. Auflage. 711 S. Gr.-8⁰. 1923. M. 12.80, in Leinen geb. M.15.-.

R. OLDENBOURG · MÜNCHEN 32 UND BERLIN

www.ingramcontent.com/pod-product-compliance
Lightning Source LLC
Chambersburg PA
CBHW050646190326

41458CB00008B/2437